建筑施工起重机械安全隐患防治图解

孟庆坤　杨一伟　周树凯　主编

中国建筑工业出版社

图书在版编目（CIP）数据

建筑施工起重机械安全隐患防治图解 / 孟庆坤，杨一伟，周树凯主编. —北京：中国建筑工业出版社，2022.8

ISBN 978-7-112-27593-9

Ⅰ. ①建… Ⅱ. ①孟… ②杨… ③周… Ⅲ. ①建筑机械 — 起重机械 — 安全管理 — 图解 Ⅳ. ① TH210.8-64

中国版本图书馆CIP数据核字（2022）第117318号

本书以当前建筑施工起重机械管理现状及存在的问题为背景，在介绍施工起重机械常见的安全隐患和可能导致的危害的同时，给出正确的做法及依据，并配有大量的现场图片。全书分两部分，第一部分为施工升降机安全隐患防治图解；第二部分为塔式起重机安全隐患防治图解，内容丰富，图文并茂，可供相关技术人员和管理人员参考使用。

责任编辑：范业庶
文字编辑：沈文帅
责任校对：姜小莲

建筑施工起重机械安全隐患防治图解
孟庆坤 杨一伟 周树凯 主编
*
中国建筑工业出版社出版、发行（北京海淀三里河路9号）
各地新华书店、建筑书店经销
北京点击世代文化传媒有限公司制版
北京京华铭诚工贸有限公司印刷
*
开本：787毫米×1092毫米 1/16 印张：6 字数：143千字
2022年8月第一版 2022年8月第一次印刷
定价：**80.00**元
ISBN 978-7-112-27593-9
（39590）
版权所有 翻印必究
如有印装质量问题，可寄本社图书出版中心退换
（邮政编码 100037）

本书编委会

主　　编：孟庆坤　杨一伟　周树凯

副 主 编：李加敖　王茂辉　王恩涛

编写人员：张正嵩　刘　特　孙茂林　刘　雷　孟庆增　孙兆帅
亓文红　韦安磊　张　兴　王欲秋　陈淑婧　程相伟
韩其畅　韩清华　李　冲　李　茂　李　强　蔡　俊
李翠军　李洪鹏　李洪竹　张祥柱　刘世涛　孟宪念
明长伟　裴晨旭　树文韬　贺　峰　孙延春　王东晓
孔祥雁　魏　东　魏学宁　吴元章　武　鹏　黄常礼
姜　宁　雷振宇　辛　建　徐佳栋　杨　春　张　伟
张　智　张保红　张京虎　张旭日　赵龙辉　周杨迅
陈云涛　张凯凯　刘　婷　张天则　冯志平

主编单位：

中建八局第二建设有限公司

山东中建众力设备租赁有限公司

前　言

建筑施工起重机械作为现代化建设施工过程中必不可少的工具，因其快速高效等特点，备受建筑施工现场的青睐，公开资料显示，我国已成为世界建筑施工起重机械第一生产大国，也是第一使用大国。

与建筑施工起重机械生产、使用规模的不断扩张相比，其在设计、制造、安拆、使用、维保等环节的管理提升速度与增长速度严重不匹配，过分追求经济效益与实现建筑施工起重机械安全运行之间的矛盾日益突出，尤其是近几年高发、频发的建筑施工起重机械事故，给国家财产和人民生命安全造成了极大的损害，为此编者汇总、分析了近年来建筑施工起重机械事故的直接原因，我们发现，产品结构质量缺陷、连接部位缺失、安全装置失效、吊索具选用不合理等原因占比极高，而引发这些直接原因的间接推手是施工方案编制“失实”、作业条件审核“失严”、旁站监督“失控”、检查验收“失真”等的管理行为问题。

基于当前建筑施工起重机械管理现状及存在的问题，本书以普及基础知识、明确监管重点、规范管理行为、细化管理要求和标准为思路，对其主要结构、安全防护装置等问题进行详解，普及管理知识、管理要求。同时针对建筑施工起重机械的安装准备工作、安装、使用、安全监控、检查、拆卸、吊索具等关键环节、重要部位等进行全面梳理，从技术和管理层面保障建筑施工起重机械的安全运行，不断提高安全管理水平。

本书可供建设、施工、监理单位领导、管理人员及广大建筑工人阅读，也可作为大专院校建筑工程、工程管理及相关安全管理专业的教材。

由于编写时间紧促，加之编者水平有限，难免有错误和不当之处，还恳请读者给予批评和指正，意见和建议可发送至邮箱 841117378@qq.com。

目　录

第一部分

施工升降机安全隐患防治图解

一、编制依据
二、关键环节安全管理要求
三、施工升降机安拆过程安全隐患防治图解
四、施工升降机安全装置安全隐患防治图解
五、施工升降机基础安全隐患防治图解
六、施工升降机进场验收安全隐患防治图解
七、施工升降机新技术应用图解

一、编制依据

1.《吊笼有垂直导向的人货两用施工升降机》GB 26557—2011;

2.《施工升降机安全规程》GB 10055—2007;

3.《货用施工升降机 第1部分:运载装置可进人的升降机》GB/T 10054.1—2021;

4.《齿轮齿条式人货两用施工升降机安装质量检验规程》GB/T 33640—2017;

5.《起重机械 检查与维护规程 第9部分:升降机》GB/T 31052.9—2016;

6.《建筑施工升降机安装、使用、拆卸安全技术规程》JGJ 215—2010;

7.《建筑施工升降设备设施检验标准》JGJ 305—2013;

8.《建筑机械使用安全技术规程》JGJ 33—2012;

9.《建筑施工安全检查标准》JGJ 59—2011;

10.《龙门架及井架物料提升机安全技术规范》JGJ 88—2010;

11.《施工现场临时用电安全技术规范》JGJ 46—2005。

二、关键环节安全管理要求

序号	关键活动	实施人员	管理要求
1	设备基础施工管理	项目总工程师、安全总监、项目责任工程师、机械管理工程师	1. 设备基础施工前应由项目总工编制基础施工方案，并按审批流程审批； 2. 若施工现场地基承载能力无法满足要求时，相关设计单位应根据勘察单位提供的地质勘察报告，出具起重机械基础设计方案；基础应符合使用说明书和有关标准的要求，当基础形式与说明书不一致时，相关设计单位应出具设计方案。 3. 项目责任工程师依据基础施工方案进行基础施工，施工过程中安全总监、机械管理工程师旁站监督。 4. 设备安装前，由项目总工组织基础验收
2	设备安拆方案、安拆应急救援预案审核审批	项目总工程师、安拆单位技术负责人、安拆方案编制人、安拆单位现场技术员、机械管理工程师	1. 由具有安拆资质的安装单位编制安拆方案和安拆应急预案，并按审批流程审批； 2. 对于超规模的建筑起重机械设备安拆，要在方案审批结束后，由项目总工程师组织专家论证； 3. 方案编制人员或项目技术负责人应当在安拆施工作业前，对施工现场管理人员进行方案交底
3	办理安拆告知	项目安全生产监督管理部、机械管理工程师	在实施安拆作业前，机械管理工程师应协助安拆单位收集相关告知资料，经项目经理确认后，报当地建设主管部门
4	设备进场验收	项目副经理、物资部、工程部、安全总监、机械管理工程师	项目副经理组织物资部、工程部、安全总监、机械管理工程师、租赁、安装单位联合对设备进行进场验收
5	高风险作业审批	项目副经理、项目总工程师、项目责任工程师、安全总监、机械管理工程师	设备安拆、加降节、附着作业等高风险作业前，应填写作业审批表，并办理相关审批

续表

序号	关键活动	实施人员	管理要求
6	安拆现场旁站监督，核查作业人员相关证件并组织教育、交底，收集相关资料	项目机械管理工程师、安全工程师	1. 设备安拆、加降节、附着作业前，项目安全工程师和机械管理工程师应核查特种作业人员证件；并组织对作业人员进行安全教育和安全技术交底。 2. 安拆作业过程中项目负责人应当在施工现场履职，安全总监（安全工程师）、机械管理工程师应旁站监督、告知监理单位，并监督产权单位、安拆单位相关人员在安拆过程中到场，并收集相关资料
7	设备自检及检测	项目副经理、项目物资部、工程部、安全总监、机械管理工程师、安拆单位相关人员	1. 设备安装完成后，应由安装单位进行自检，并出具自检合格证明。 2. 设备自检合格后，应由具有相应资质的检验检测机构进行检测，项目部留存检测报告原件，在其规定的有效期满前申请重新检测、验收
8	组织验收	项目副经理、项目总工程师、工程部、安全总监、机械管理工程师	1. 设备检测合格或每次工况调整后，项目副经理组织项目安全总监、机械管理工程师、安装单位、租赁单位、监理单位进行联合验收，验收合格后方可投入使用。 2. 验收合格后，应在设备醒目位置放置验收公示牌，并留存相关资料。 3. 需办理使用登记的，机械管理工程师应自机械设备安装验收合格之日起 30 日内，向工程所在地政府主管部门办理使用登记，登记标志置于或者附着于该机械设备的显著位置
9	日常管理	项目副经理、项目总工程师、项目责任工程师、安全总监、机械管理工程师	1. 作业人员持证管理、经过安全教育培训与安全技术交底； 2. 设备安全检查、隐患整改、维护保养； 3. 设备进出场管理、施工进度配合等； 4. 安全监督日志的填写

三、施工升降机安拆过程安全隐患防治图解

<table>
<tr><th>类别</th><th>典型安全隐患问题</th><th>正确做法</th><th>依据</th></tr>
<tr><td rowspan="3">安拆过程</td><td> 隐患：施工升降机安拆人员未持证上岗。
危害：安拆人员不熟悉操作规程，易造成安装错误导致施工升降机倒塌事故</td><td> 建筑施工特种作业操作资格证
照片 
建筑施工特种作业操作资格证书
照片
正确做法：施工升降机安拆人员应持有有效的证件</td><td>《建筑施工升降机安装、使用、拆卸安全技术规程》JGJ 215—2010 第 3.0.2 条规定，施工升降机安装、拆卸项目应配备与承担项目相适应的专业安装作业人员以及专业安装技术人员。施工升降机的安装拆卸工、电工、司机等应具有建筑施工特种作业操作资格证书</td></tr>
<tr><td> 隐患：安拆人员未经过安全教育、安全技术交底进行作业。
危害：作业人员对环境、方案及注意事项不了解</td><td> 正确做法：应对安拆人员做安全教育及安全技术交底</td><td>《建筑施工升降机安装、使用、拆卸安全技术规程》JGJ 215—2010 第 4.1.5 条规定，安装作业前，安装技术人员应根据施工升降机安装、拆卸工程专项施工方案和使用说明书的要求，对安装作业人员进行安全技术交底，并由安装作业人员在交底书上签字。在施工期间内，交底书应留存备查</td></tr>
<tr><td> 隐患：作业人员未系挂安全带。
危害：易发生高处坠落事故</td><td> 正确做法：高处作业应正确佩戴并系挂安全带</td><td>《建筑施工升降机安装、使用、拆卸安全技术规程》JGJ 215—2010 第 4.2.4 条规定，进入现场的安装作业人员应佩戴安全防护用品，高处作业人员应系安全带，穿防滑鞋。作业人员严禁酒后作业</td></tr>
</table>

续表

<table>
<tr><th>类别</th><th>典型安全隐患问题</th><th>正确做法</th><th>依据</th></tr>
<tr><td rowspan="3">安拆过程</td>
<td>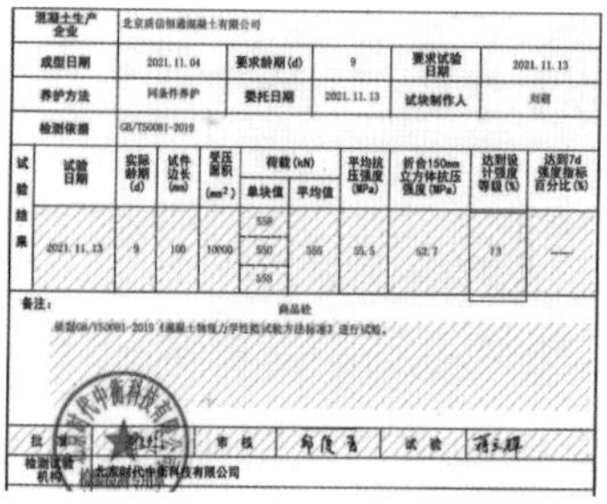
混凝土生产企业：北京质信恒通混凝土有限公司
成型日期：2021.11.04；要求龄期(d)：9；要求试验日期：2021.11.13
养护方法：同条件养护；委托日期：2021.11.13；试块制作人：[illegible]
检测依据：GB/T50081-2019
试验结果：试验日期 2021.11.13；实际龄期(d) 9；试件边长(mm) 100；受压面积(mm²) 10000；荷载(kN) 单块值 558、550、558，平均值 555；平均抗压强度(MPa) 55.5；折合150mm立方体抗压强度(MPa) 52.7；达到设计强度等级(%) 73；达到7d强度指标百分比(%) —
备注：商品砼 依据GB/T50081-2019《混凝土物理力学性能试验方法标准》进行试验。
批准　审核　试验
检测试验机构：北京时代中衡科技有限公司

隐患：基础混凝土强度未达到说明书要求。
危害：基础裂纹沉降，设备倾覆</td>
<td>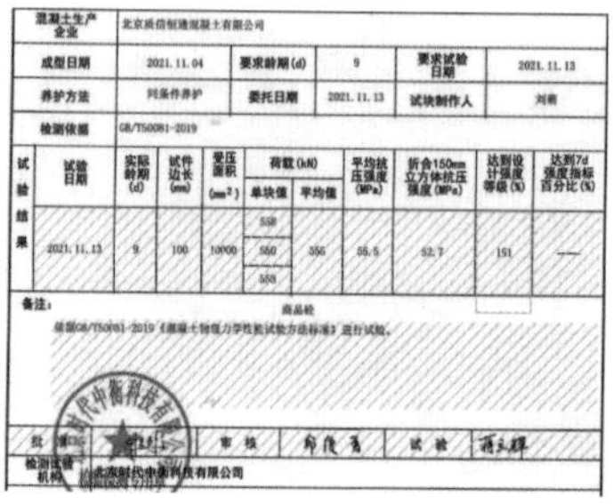
混凝土生产企业：北京质信恒通混凝土有限公司
成型日期：2021.11.04；要求龄期(d)：9；要求试验日期：2021.11.13
养护方法：同条件养护；委托日期：2021.11.13；试块制作人：[illegible]
检测依据：GB/T50081-2019
试验结果：试验日期 2021.11.13；实际龄期(d) 9；试件边长(mm) 100；受压面积(mm²) 10000；荷载(kN) 单块值 558、550、558，平均值 555；平均抗压强度(MPa) 55.5；折合150mm立方体抗压强度(MPa) 52.7；达到设计强度等级(%) 151；达到7d强度指标百分比(%) —
备注：商品砼 依据GB/T50081-2019《混凝土物理力学性能试验方法标准》进行试验。
批准　审核　试验
检测试验机构：北京时代中衡科技有限公司

正确做法：基础混凝土强度应达到说明书要求强度后方可进行安装作业</td>
<td>《建筑施工升降机安装、使用、拆卸安全技术规程》JGJ 215—2010 第 4.1.1 条规定，施工升降机地基、基础应满足使用说明书的要求</td></tr>
<tr><td>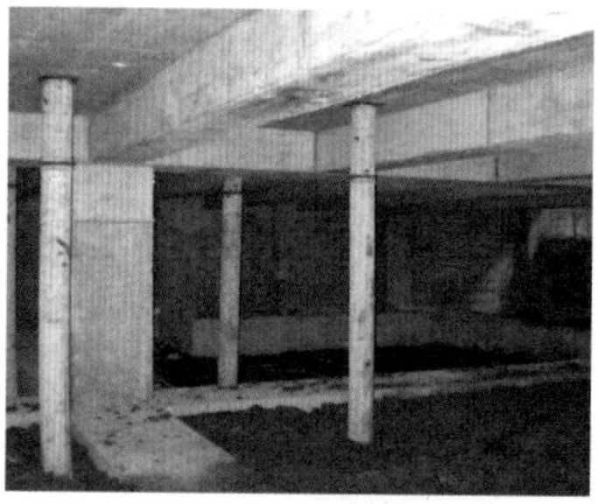

隐患：施工升降机基础在车库顶板结构上，未对车库顶板进行回顶。
危害：基础塌陷</td>
<td>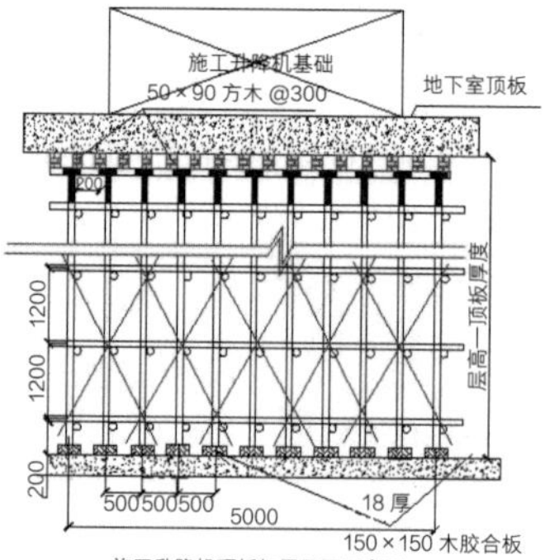

施工升降机顶板加固平面示意图

正确做法：施工升降机基础设置在车库顶板上时应对基础支撑结构进行承载力验算</td>
<td>《建筑施工升降机安装、使用、拆卸安全技术规程》JGJ 215—2010 第 4.1.1 条规定，施工升降机地基、基础应满足使用说明书的要求。对基础设置在地下室顶板、楼面或其他下部悬空结构上的施工升降机，应对基础支撑结构进行承载力验算</td></tr>
<tr><td>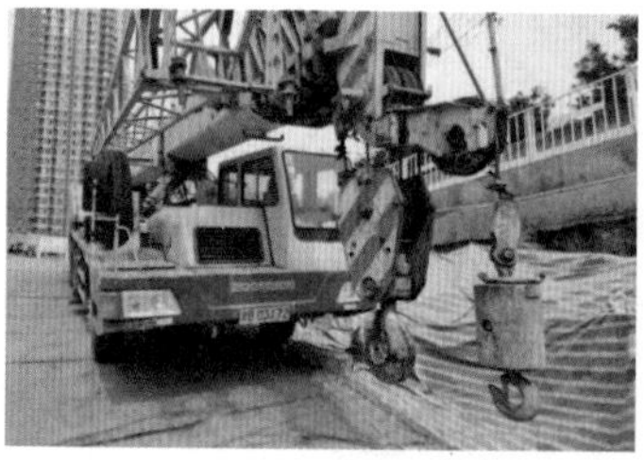

隐患：辅助安装起重机械设备未经验收。
危害：易造成起重伤害</td>
<td>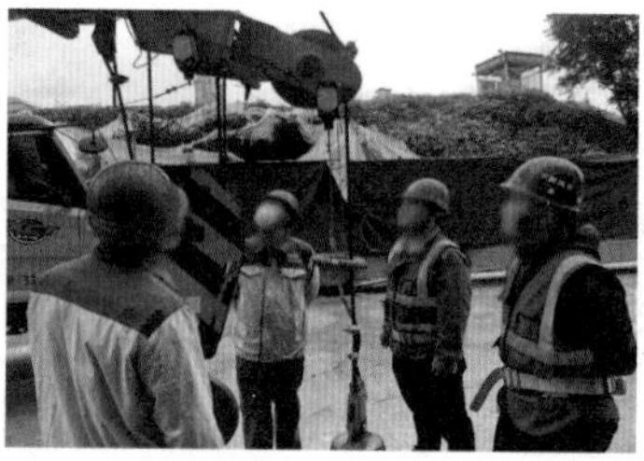

正确做法：辅助起重机械设备进场前应组织验收</td>
<td>《建筑施工升降机安装、使用、拆卸安全技术规程》JGJ 215—2010 第 4.1.4 条规定，安装作业前，应对辅助起重设备和其他安装辅助用具的机械性能和安全性能进行检查，合格后方能投入作业</td></tr>
</table>

续表

类别	典型安全隐患问题	正确做法	依据
安拆过程	 **隐患：**未设置警戒线、未放置公示牌，且无专人旁站监督。 **危害：**易发生物体打击	 **正确做法：**作业区域周围拉警戒线设警示标志，并派专人监护	《建筑施工升降机安装、使用、拆卸安全技术规程》JGJ 215—2010 第 4.2.3 条规定，施工升降机的安装作业范围应设置警戒线及明显的警示标志。非作业人员不得进入警戒范围。任何人不得在悬吊物下方行走或停留
	 **隐患：**施工升降机井道内安装无充足照明。 **危害：**增加作业难度，结构件、连接件安装不到位	 **正确做法：**施工升降机夜间或井道内施工须提供充足的照明。夜间不得进行施工升降机的拆卸作业	《建筑施工升降机安装、使用、拆卸安全技术规程》JGJ 215—2010 第 5.2.15 条规定，安装在阴暗处或夜班作业的施工升降机，应在全行程装设明亮的楼层编号标志灯。夜间施工时作业区应有足够的照明，照明应满足现行行业标准《施工现场临时用电安全技术规范》JGJ 46 的要求。第 6.0.4 条规定，夜间不得进行施工升降机的拆卸作业
	 **隐患：**施工升降机加节作业过程中与塔式起重机交叉作业。 **危害：**易发生碰撞	 **正确做法：**施工升降机安拆顶升作业时与周围其他机械不应存在交叉作业	《建筑施工升降机安装、使用、拆卸安全技术规程》JGJ 215—2010 第 4.2.9 条规定，安装时应确保施工升降机运行通道内无障碍物

续表

类别	典型安全隐患问题	正确做法	依据
安拆过程	**隐患：**施工升降机接高作业时顶部存在障碍物。 **危害：**影响施工升降机接高，阻碍梯笼向上运行	**正确做法：**施工升降机运行通道内应无障碍物阻挡运行轨迹。如脚手架钢管或电缆线等，若安装过程中有这些障碍物的存在，则易引发触电、断电、物体坠落、物体打击等事故	《建筑施工升降机安装、使用、拆卸安全技术规程》JGJ 215—2010 第 4.2.9 条规定，安装时应确保施工升降机运行通道内无障碍物
	隐患：施工升降机旁边堆放杂物、材料。 **危害：**引发火灾	**正确做法：**施工升降机基础旁不得堆放易燃易爆物品及其他杂物	《建筑施工升降机安装、使用、拆卸安全技术规程》JGJ 215—2010 第 5.2.12 条规定，在施工升降机基础周边水平距离 5m 以内，不得开挖井沟，不得堆放易燃易爆物品及其他杂物
	 **隐患：**施工升降机安拆作业前未办理安拆告知。 **危害：**私自进行安拆作业违反法律法规	**正确做法：**安拆作业前，办理安拆告知	《建筑起重机械安全监督管理规定》（建设部令第 166 号）第十二条规定，安装单位应履行的安全职责中包括将建筑起重机械安装、拆卸工程专项施工方案，安装、拆卸人员名单，安装、拆卸时间等材料报施工总承包单位和监理单位审核后，告知工程所在地县级以上地方人民政府建设主管部门
	隐患：施工升降机照明灯损坏。 **危害：**不便于操作和观察	 **正确做法：**施工升降机施工时照明应满足施工要求	《建筑施工升降机安装、使用、拆卸安全技术规程》JGJ 215—2010 第 5.2.15 条规定，安装在阴暗处或夜班作业的施工升降机，应在全行程装设明亮的楼层编号标志灯。夜间施工时作业区应有足够的照明，照明应满足现行行业标准《施工现场临时用电安全技术规范》JGJ 46 的要求

续表

类别	典型安全隐患问题	正确做法	依据
安拆过程	 **隐患：**未配备逃生梯。 **危害：**施工升降机发生故障无法逃离梯笼，不便于安拆人员上至吊笼顶部	 **正确做法：**吊笼应配有通往紧急出口的扶梯	《齿轮齿条式人货两用施工升降机安装质量检验规程》GB/T 33640—2017 第5.5.2条规定，检查吊笼紧急出口及其电气安全开关，当紧急出口门未锁紧时，吊笼不能启动；当使用笼顶活板门作为紧急出口时，笼顶活板门应向外开启，且应配有从吊笼通往紧急出口的扶梯
	 **隐患：**地面防护围栏缺失。 **危害：**人员进入基础	 **正确做法：**施工升降机地面防护围栏应围成一周，高度应不小于2.0m	《吊笼有垂直导向的人货两用施工升降机》GB 26557—2011 第5.5.2.1条规定，升降机地面防护围栏应围成一周，高度应不小于2.0m
	 **隐患：**吊笼顶部防护固定不牢靠。 **危害：**易发生高处坠落事故	 **正确做法：**施工升降机顶部护栏应安装正确齐全牢固	《施工升降机安装、使用、拆卸安全技术规程》JGJ 215—2010 第4.2.12条规定，在吊笼顶部作业前应确保吊笼顶部护栏齐全完好
	 **隐患：**工具放置在易掉落位置。 **危害：**易发生物体打击	 **正确做法：**吊笼顶上所有的零件应放置平稳，不得超出安全护栏，工具应放入工具箱内	《建筑施工升降机安装、使用、拆卸安全技术规程》JGJ 215—2010 第4.2.13条规定，吊笼顶上所有的零件和工具应放置平稳，不得超出安全护栏

续表

类别	典型安全隐患问题	正确做法	依据
安拆过程	 **隐患：**螺栓松动且螺母在下。 **危害：**螺栓松动易发生倾覆事故	 **正确做法：**安装标准节连接螺栓时，宜螺杆在下，螺母在上	《建筑施工升降机安装、使用、拆卸安全技术规程》JGJ 215—2010 第 4.2.21 条规定，连接件和连接件之间的防松防脱件应符合使用说明书的规定，不得用其他物件代替。对有预紧力要求的连接螺栓，应使用扭力扳手或专用工具，按规定的拧紧次序将螺栓准确地紧固到规定的扭矩值。安装标准节连接螺栓时，宜螺杆在下，螺母在上
	 **隐患：**齿轮齿条啮合不足。 **危害：**发生梯笼坠落	 **正确做法：**施工升降机齿轮齿条啮合面积不小于 90%，齿轮与齿条齿面间隙应为 0.2 ~ 0.5mm	《货用施工升降机 第 1 部分：运载装置可进人的升降机 》GB/T 10054.1—2021 第 5.7.3.1.4.1 条规定，应采取措施保证各种载荷情况下齿条和所有驱动齿轮、安全装置齿轮的正确啮合。这样的措施应不仅仅依靠运载装置的导向滚轮或滑靴。正确的啮合应是：齿条节线和与其平行的齿轮节圆切线重合或距离不大于模数的 1/3
	 **隐患：**施工升降机齿条沿长度方向齿距大于 0.6mm。 **危害：**施工升降机齿条中间间隙过大损坏齿轮与齿条，加速磨损	 **正确做法：**施工升降机齿条垂直方向间距不大于 0.6mm	《货用施工升降机 第 1 部分：运载装置可进人的升降机 》GB/T 10054.1—2021 第 5.7.3.1.1.3 条规定，齿条应可靠固定。齿条的接合处应对正，以避免错误啮合或损坏齿

续表

类别	典型安全隐患问题	正确做法	依据
安拆过程	 **隐患：** 吊笼门侧边防护间距大于150mm，且无防护措施。 **危害：** 易发生高处坠落事故	 **正确做法：** 侧面防护装置与吊笼或层门之间任何开口的间距应不大于150mm	《吊笼有垂直导向的人货两用施工升降机》GB 26557—2011 第5.5.3.8.3条规定，正常作业时，关闭的吊笼门与关闭的层门间的水平距离应不大于150mm。否则应有措施使其符合要求，或者配备符合5.5.3.9.4要求的层站入口侧面防护装置。侧面防护装置与吊笼或层门之间任何开口的间距应不大于150mm
	 **隐患：** 施工升降机手动释放装置螺母拧紧（刹车）。 **危害：** 施工升降机刹车螺母拧紧刹车失效	 **正确做法：** 施工升降机手动释放装置螺母应松开，保证刹车灵敏有效	《施工升降机安全规程》GB 10055—2007第9.4.3条规定，人货两用施工升降机制动器应具有手动松闸功能，并保证手动施加的作用力一旦撤除，制动器立即恢复动作
	 **隐患：** 施工升降机附着角度大于说明书要求。 **危害：** 施工升降机附着点受力与说明书不一致，导致附着受力变大	 **正确做法：** 施工升降机附着角度应符合使用说明书要求	《建筑施工升降机安装、使用、拆卸安全技术规程》JGJ 215—2010 第4.1.10条规定，施工升降机的附墙架形式、附着高度、垂直间距、附着点水平距离、附墙架与水平面之间的夹角、导轨架自由端高度和导轨架与主体结构间水平距离等均应符合使用说明书的要求

续表

类别	典型安全隐患问题	正确做法	依据
安拆过程	 隐患：施工升降机自由端超过说明书要求。 危害：设备倾覆	 正确做法：施工升降机自由端高度应符合说明书要求	《建筑施工升降机安装、使用、拆卸安全技术规程》JGJ 215—2010 第 4.1.10 条规定，施工升降机的附墙架形式、附着高度、垂直间距、附着点水平距离、附墙架与水平面之间的夹角、导轨架自由端高度和导轨架与主体结构间水平距离等均应符合使用说明书的要求
	 隐患：施工升降机附着间距大于说明书要求。 危害：设备倾覆	 正确做法：施工升降机垂直间距、导轨架自由端高度应符合使用说明书的要求	《建筑施工升降机安装、使用、拆卸安全技术规程》JGJ 215—2010 第 4.1.10 条规定，施工升降机的附墙架形式、附着高度、垂直间距、附着点水平距离、附墙架与水平面之间的夹角、导轨架自由端高度和导轨架与主体结构间水平距离等均应符合使用说明书的要求
	 隐患：施工升降机安装附着时未进行垂直度测量。 危害：设备倾覆	 正确做法：附着安装时应对施工升降机导轨架的垂直度进行测量校准	《建筑施工升降机安装、使用、拆卸安全技术规程》JGJ 215—2010 第 4.2.18 条规定，导轨架安装时，应对施工升降机导轨架的垂直度进行测量校准。施工升降机导轨架安装垂直度偏差应符合使用说明书和表 4.2.18 的规定

续表

类别	典型安全隐患问题	正确做法	依据
安拆过程	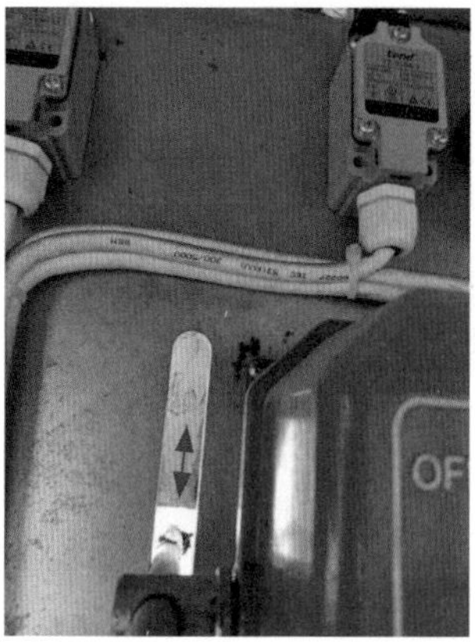 **隐患：**上限位与上极限开关之间越程距离不足。 **危害：**吊笼冒顶，造成人员伤亡	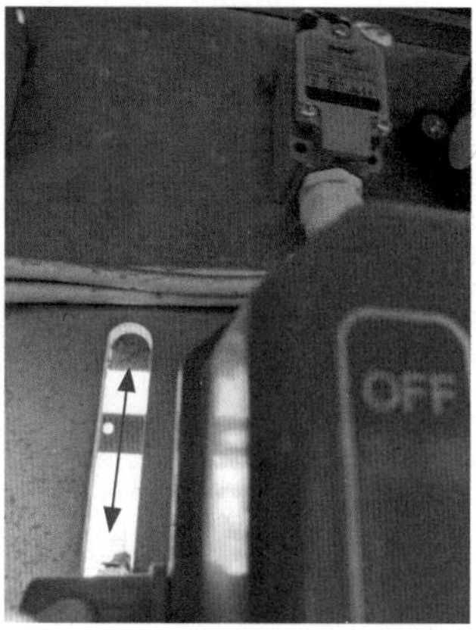 **正确做法：**上限位与上极限开关之间的越程距离齿轮齿条式施工升降机不应小于150mm	《建筑施工升降设备设施检验标准》JGJ 305—2013第7.2.14条规定，上限位与上极限开关之间的越程距离：齿轮齿条式施工升降机不应小于0.15m，钢丝绳式施工升降机不应小于0.5m。下极限开关在正常工作状态下，吊笼碰到缓冲器之前，触板应首先触发下极限开关
	 **隐患：**施工升降机上限位作为停止开关使用。 **危害：**限位失效	 **正确做法：**严禁用行程限位开关作为停止运行的控制开关。（为突出正确做法拍摄此照片，禁止吊笼停靠至层站平台前开启层站门）	《建筑施工升降机安装、使用、拆卸安全技术规程》JGJ 215—2010第5.2.10条规定，严禁用行程限位开关作为停止运行的控制开关
	 **隐患：**施工升降机梯笼顶部有垃圾杂物。 **危害：**杂物易造成坠落或安拆、维保人员滑倒	 **正确做法：**施工升降机梯笼顶部应整洁，垃圾、杂物、油渍等及时清理	《建筑施工升降机安装、使用、拆卸安全技术规程》JGJ 215—2010第4.2.25条规定，安装完毕后应拆除为施工升降机安装作业而设置的所有临时设施，清理施工场地上作业时所用的索具、工具、辅助用具、各种零配件和杂物等

续表

类别	典型安全隐患问题	正确做法	依据
安拆过程	 **隐患：**未安装信号联络装置。 **危害：**无法正常呼叫设备，影响使用效率	 **正确做法：**每层都应设置信号联络装置，便于呼叫及时停靠	《齿轮齿条式人货两用施工升降机安装质量检验规程》GB/T 33640—2017 第5.11.8 条规定，检查升降机及层楼，应设置联络装置
	 **隐患：**施工升降机安全通道上方未设置防砸措施。 **危害：**物体打击	 **正确做法：**当建筑物超过 2 层时，施工升降机地面通道上方应搭设防护棚。当建筑物高度超过 24m 时，应设置双层防护棚	《建筑施工升降机机安装、使用、拆卸安全技术规程》JGJ 215—2010 第 5.2.6 条规定，当建筑物超过 2 层时，施工升降机地面通道上方应搭设防护棚。当建筑物高度超过 24m 时，应设置双层防护棚
	 **隐患：**顶升吊杆固定螺栓松动。 **危害：**吊杆倾覆造成物体打击	 **正确做法：**顶升作业前对顶升设备进行检查，各机构应可靠连接，当设备达到最终使用高度后，及时拆除吊杆	《建筑施工升降机安装、使用、拆卸安全技术规程》JGJ 215—2010 第 4.2.21 条规定，连接件和连接件之间的防松防脱件应符合使用说明书的规定，不得用其他物件代替。对有预紧力要求的连接螺栓，应使用扭力扳手或专用工具，按规定的拧紧次序将螺栓准确地紧固到规定的扭矩值

四、施工升降机安全装置安全隐患防治图解

类别	典型安全隐患问题	正确做法	依据
安全装置		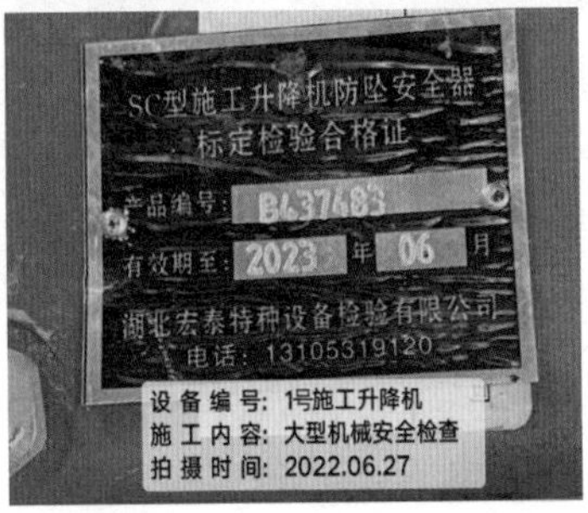	《施工升降机安全规程》GB 10055—2007 第 11.1.9 条规定，防坠安全器只能在有效的标定期限内使用，有效标定期限不应超过一年
	隐患：防坠安全器超过标定日期未检验。 **危害：**防坠安全器失效或制动效果差，引发安全事故	**正确做法：**由专业人员更换合格的防坠安全器，并对防坠安全器进行检测	
			《施工升降机安全规程》GB 10055—2007 第 11.4.3.1 条规定，齿轮齿条式施工升降机和钢丝绳式人货两用施工升降机必须设置极限开关，吊笼越程超出限位开关后，极限开关须切断总电源使吊笼停车。极限开关为非自动复位型的，其动作后必须手动复位才能使吊笼可重新启动
	隐患：极限限位挡杆未固定，限位挡杆向外移动。 **危害：**会导致极限限位挡杆无法碰击到限位碰铁，紧急情况下无法主动切断电源	**正确做法：**使用螺栓紧固，保证极限限位安全有效	
			《建筑施工升降设备设施检验标准》JGJ 305—2013 第 7.2.16 条规定，当施工升降机安装高度大于 120m，并超过建筑物高度时，应安装红色障碍灯，障碍灯电源不得因施工升降机停机而停电
	隐患：施工升降机安装高度大于 120m，超过建筑物时未安装障碍灯。 **危害：**容易造成飞行物与之碰撞	**正确做法：**安装安全有效的障碍灯	

续表

类别	典型安全隐患问题	正确做法	依据
安全装置	 **隐患：**未设置行程限位挡板。 **危害：**易造成吊笼冲顶	 **正确做法：**应正确设置行程限位挡板	《建筑施工升降设备设施检验标准》JGJ 305—2013第6.2.8条规定，应设置上限位开关；当吊笼上升至限定位置时，应触发限位开关，吊笼应停止运动
	 **隐患：**顶部安全节未用醒目颜色区分。 **危害：**造成吊笼冲出导轨或安拆过程遗忘安装	 **正确做法：**按照规定最上一节应安装无齿安全节，并用醒目颜色区分	《建筑施工安全管理十条》（济建质安字［2021］33号）规定，最顶端的1节标准节应去掉齿条，并以醒目颜色区分
	 **隐患：**施工升降机操作手柄零位保护装置用胶带捆扎、零位保护失效。 **危害：**易造成司机误操作而引发安全事故	 **正确做法：**将胶带拆除，并由专业人员调试零位保护装置，保证安全有效，并加强对司机的安全教育，讲明该安全装置重要性及失效时的危害	《起重机械 检查与维护规程 第9部分：升降机》GB/T 31052.9—2016表A.2规定，目测检查各机构操纵手柄，应灵活、无卡阻，挡位手感明确，零位锁应有效

续表

类别	典型安全隐患问题	正确做法	依据
安全装置	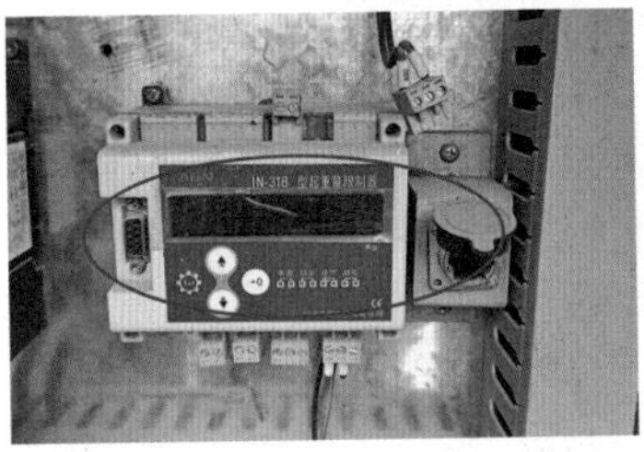 **隐患：** 施工升降机起重量限制器失效。 **危害：** 造成施工升降机超载运行	 **正确做法：** 由专业人员维修调试或更换安全有效的起重量限制器	《建筑机械使用安全技术规程》JGJ 33—2012 第 4.1.11 条规定，建筑起重机的变幅限制器、起重力矩限制器、起重量限制器、防坠安全器、钢丝绳防脱装置、防脱钩装置以及各种行程限位开关等安全保护装置，必须齐全有效，严禁随意调整或拆除。严禁利用限制器和限位装置代替操纵机构
	 **隐患：** 施工升降机驾驶室操作台急停开关失效。 **危害：** 紧急情况下无法主动切断控制电源	 **正确做法：** 由专业人员维修或更换急停开关，保证安全有效	《施工升降机安全规程》GB 10055—2007 第 13.7 条规定，控制装置应安装非自行复位的急停开关，任何时候均可切断电路停止吊笼的运行
	 **隐患：** 施工升降机天窗限位用铁丝捆扎。 **危害：** 天窗限位失效，天窗开启状态下吊笼仍能上、下运行，易发生安全事故	 **正确做法：** 对该部位铁丝进行拆除，并由专业人员试验该限位器的有效性，在月度教育时对司机讲明该限位装置的重要性，杜绝人为失效的情况发生	《建筑施工升降设备设施检验标准》JGJ 305—2013 第 7.2.5 条规定，吊笼顶部应有紧急出口，并应配有专用扶梯，出口门应装向外开启的活板门，并应设有电气安全连锁开关，并应灵敏、有效

续表

类别	典型安全隐患问题	正确做法	依据
安全装置			《施工升降机安全规程》GB 10055—2007 第 6.13 条规定，吊笼门应装有机械锁止装置和电气安全开关，只有当门完全关闭后，吊笼才能启动
	隐患：出料门限位失效。 **危害：**出料门开启仍可上、下运行，易发生高处坠落或挤压事故	**正确做法：**更换安全有效的限位器	
			《施工升降机安全规程》GB 10055—2007 第 11.2.1 条规定，吊笼应设有防坠安全器和安全钩。防坠安全器应能保证当吊笼出现不正常超速运行时及时动作，将吊笼制停；安全钩应能防止吊笼脱离导轨架或防坠安全器输出端齿轮脱离齿条
	隐患：吊笼安全钩固定螺栓脱落。 **危害：**易导致安全钩失效，发生安全事故	**正确做法：**由专业人员安装原生产厂家的安全钩固定螺栓	
			《施工升降机安全规程》GB 10055—2007 第 6.13 条规定，吊笼门应装有机械锁止装置和电气安全开关，只有当门完全关闭后，吊笼才能启动
	隐患：进料门机械锁止装置缺失。 **危害：**吊笼上升，进料门仍可随意开启，易发生机械伤害事故	**正确做法：**由专人安装机械锁止装置，并保证机械锁止装置安全有效	

续表

类别	典型安全隐患问题	正确做法	依据
安全装置	**隐患：**外围栏门电气限位绑扎、失效。 **危害：**吊笼上升，围栏门仍可随意开启，易发生机械伤害事故	**正确做法：**由专业人员对该处限位进行复原，并进行试验，保证该限位安全有效	《施工升降机安全规程》GB 10055—2007 第 6.13 条规定，吊笼门应装有机械锁止装置和电气安全开关，只有当门完全关闭后，吊笼才能启动。 《建筑施工安全检查标准》JGJ 59—2011 第 3.16.3 条规定，围栏门应安装机电联锁装置并应灵敏可靠
	隐患：出料门机械锁止装置用铁丝捆扎、失效。 **危害：**施工升降机运行过程中出料门异常开启，发生机械伤害事故	**正确做法：**解除捆扎的铁丝，确保机械锁止装置安全有效	《吊笼有垂直导向的人货两用施工升降机》GB 26557—2011 第 5.6.1.4.1.4 条规定，门应配备机械锁以保证正常运行时其不会打开，除非吊笼底板与层站的距离符合 5.5.5.1 的规定
	隐患：作业人员在笼顶指挥司机操作升降机。 **危害：**不易观察行程易发生冒顶	**正确做法：**笼顶作业时应使用操作盒在吊笼顶部操作	《建筑施工升降机安装、使用、拆卸安全技术规程》JGJ 215—2010 第 4.2.10 条规定，安装作业时必须将按钮盒或操作盒移至吊笼顶部操作。当导轨架或附墙架上有人员作业时，严禁开动施工升降机
	 **隐患：**极限限位挡杆调节长度不足，无法碰撞极限限位挡块。 **危害：**易发生冒顶，吊笼冲出导轨架	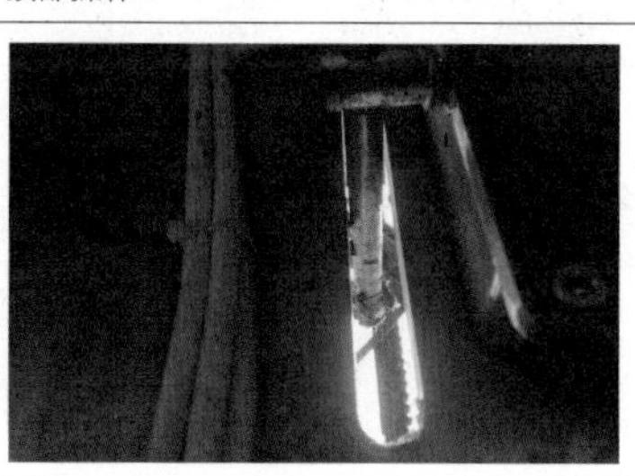 **正确做法：**调整极限限位挡杆长度，使其可以正常碰撞极限限位挡块	《施工升降机安全规程》GB 10055—2007 第 11.4.3.1 条规定，齿轮齿条式施工升降机和钢丝绳式人货两用施工升降机必须设置极限开关，吊笼越程超出限位开关后，极限开关须切断总电源使吊笼停车。极限开关为非自动复位型的，其动作后必须手动复位才能使吊笼可重新启动

五、施工升降机基础安全隐患防治图解

类别	典型安全隐患问题	正确做法	依据
基础		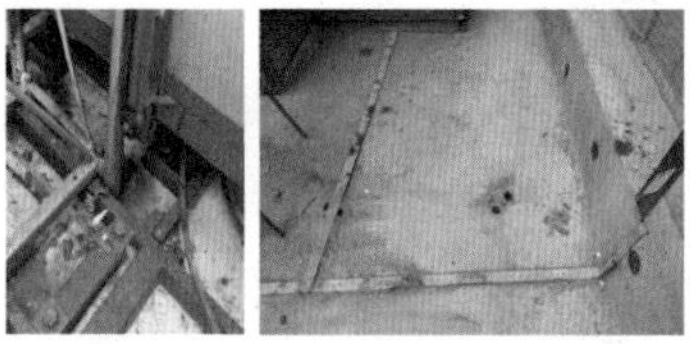	《建筑施工升降机安装、使用、拆卸安全技术规程》JGJ 215—2010 第 4.2.8 条规定，施工升降机金属结构和电气设备金属外壳均应接地，接地电阻不应大于 4Ω。《施工升降机安全规程》GB 10055—2007 第 13.4 条规定，施工升降机金属结构和电气设备的金属外壳均应接地，接地电阻不超过 4Ω
	隐患：基础未进行防雷接地。 **危害：**易发生触电、火灾	**正确做法：**基础施工阶段预埋接地扁铁，设备安装阶段设置接地装置	
			《建筑施工安全检查标准》JGJ 59—2011 第 3.15.4 条规定，基础周边应设置排水设施
	隐患：基础积水、有杂物，造成螺栓生锈。 **危害：**基础积水浸泡会造成物料提升机（电梯）地基下沉，底架、底架连接螺栓及缓冲器等锈蚀等	**正确做法：**及时清理基础积水、杂物	
			《龙门架及井架物料提升机安全技术规范》JGJ 88—2010 第 11.0.3 条规定，物料提升机严禁载人。第 11.0.5 条规定，不得装载超出吊笼空间的超长物料，不得超载运行
	隐患：限乘限载安全警示牌缺失。 **危害：**易造成人员误入或发生超载风险	**正确做法：**悬挂限乘限载安全警示牌	

续表

类别	典型安全隐患问题	正确做法	依据
基础	 **隐患：**基础螺栓脱落。 **危害：**结构失衡、倾覆	 **正确做法：**定期检查并紧固基础螺栓	《建筑施工升降机安装、使用、拆卸安全技术规程》JGJ 215—2010 第 4.2.21 条规定，对有预紧力要求的连接螺栓，应使用扭力扳手或专用工具，按规定的拧紧次序将螺栓准确地紧固到规定的扭矩值
	 **隐患：**接地线使用螺纹钢筋代替。 **危害：**接地失效	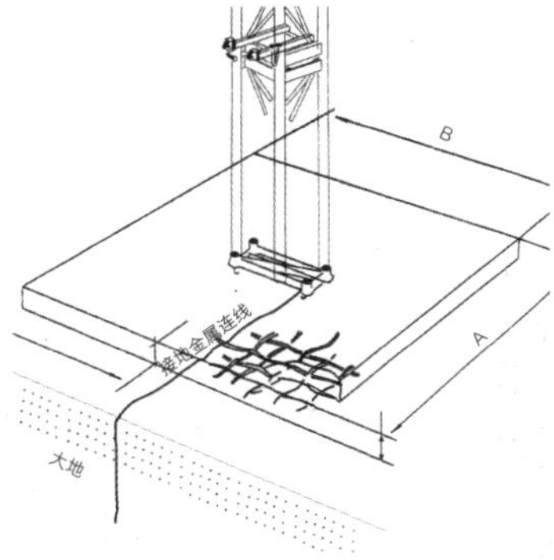 **正确做法：**接地体宜采用角钢、钢管或光面圆钢，不得采用螺纹钢	《施工现场临时用电安全技术规范》JGJ 46—2005 第 5.3.4 条规定，每一接地装置的接地线应采用 2 根及以上导体，在不同点与接地体做电气连接。不得采用铝导体做接地体或地下接地线。垂直接地体宜采用角钢、钢管或光面圆钢，不得采用螺纹钢
	 **隐患：**电缆使用自落式电缆系统时无固定及保护措施。 **危害：**电缆在施工升降机使用过程中无卸力和保护措施，容易从电缆笼中脱出或导致电缆破损	 **正确做法：**安装电缆护线圈，确保电缆线不会磨损破皮	《建筑施工升降机安装、使用、拆卸安全技术规程》JGJ 215—2010 第 5.2.16 条规定，施工升降机不得使用脱皮、裸露的电线、电缆

六、施工升降机进场验收安全隐患防治图解

类别	典型安全隐患问题	正确做法	依据
进场验收	 **隐患：**标准节斜撑杆变形。 **危害：**标准节腐蚀，开焊、变形会影响甚至导致导轨整体倾覆、坍塌的严重事故	 **正确做法：**标准节质量要符合产品说明书要求，施工升降机安装前应对各零部件进行检查，对有严重磨损、变形的标准节及其他零部件应及时更换	《建筑施工升降机安装、使用、拆卸安全技术规程》JGJ 215—2010 第 4.1.3 条规定，施工升降机安装前应对各部件进行检查。对有可见裂纹的构件应进行修复或更换，对有严重锈蚀、严重磨损、整体或局部变形的构件必须进行更换，符合产品标准的有关规定后方能进行安装
	 **隐患：**出料口钢丝绳断股。 **危害：**导致吊笼安全门无法开启或关闭	 **正确做法：**更换钢丝绳	《建筑施工升降机安装、使用、拆卸安全技术规程》JGJ 215—2010 第 5.3.10 条规定，施工升降机保养过程中，对磨损、破坏程度超过规定的部件，应及时进行维修或更换，并由专业技术人员检查验收
	 **隐患：**主要部件出厂使用年限过期。 **危害：**设备不符合要求会造成突发的机毁人亡事故	 **正确做法：**检查制造许可证、产品合格证、使用说明书、备案证明等原始资料；设备进场前查验是否与考察设备相符，型号是否一致，不符合要求，设备不许进场	《建筑施工升降机安装、使用、拆卸安全技术规程》JGJ 215—2010 第 3.0.4 条规定，施工升降机应具有特种设备制造许可证、产品合格证、使用说明书、起重机械制造监督检验证书，并已在产权单位工商注册所在地县级以上建设行政主管部门备案登记

续表

类别	典型安全隐患问题	正确做法	依据
进场验收	**隐患：** 设备进场未组织相关人员验收。 **危害：** 不能有效地把控机械设备的实际情况，易导致后期出现各种故障及安全事故	**正确做法：** 组织相关人员对设备进行检查验收，受损构件应修复或更换	《建筑施工升降机安装、使用、拆卸安全技术规程》JGJ 215—2010 第 4.1.3 条规定，施工升降机安装前应对各部件进行检查。对有可见裂纹的构件应进行修复或更换，对有严重锈蚀、严重磨损、整体或局部变形的构件必须进行更换，符合产品标准的有关规定后方能进行安装

七、施工升降机新技术应用图解

类别	新技术应用	功能
新技术应用	名称：施工升降机自动打油机	施工升降机自动打油机设备由油桶、油泵、三相电机油量控制器、电器控制装置、喷枪组件、支架车组成。针对施工升降设备而开发的润滑产品，可代替人工作业，降低了高空作业的风险，同时高压喷涂的润滑脂更加均匀，延长施工升降设备的使用寿命，大大提高了人工润滑效率和经济效益
	名称：施工升降机安全监控管理系统	安全监控管理系统是一款全新施工升降机安全监测、记录、预警及智能控制系统，该新型系统能够全方位实时监测施工升降机的运行工况，且在有危险源时及时发出警报和输出控制信号，并可全程记录升降机的运行数据，同时将工况数据传输到远程监控中心。该系统是集精密测量、自动控制、无线网络传输等多种高新技术于一体的电子监测系统，包含有载重监测、人数监测、速度监测（防坠）、倾斜度监测、高度限位监测、防冲顶监测、门锁状态监测、驾驶员身份识别等功能，是现代建筑起重机械领域最新型、最全面、最可靠的安全防护设备

第二部分

塔式起重机安全隐患防治图解

一、编制依据

1.《塔式起重机安全规程》GB 5144—2006；
2.《塔式起重机》GB/T 5031—2019；
3.《建筑机械使用安全技术规程》JGJ 33—2012；
4.《建筑施工升降设备设施检验标准》JGJ 305—2013；
5.《建筑施工高处作业安全技术规范》JGJ 80—2016；
6.《起重机械安全规程 第1部分：总则》GB 6067.1—2010；
7.《非校准起重圆环链和吊链 使用和维护》GB/T 22166—2008；
8.《钢丝绳吊索 使用和维护》GB/T 39480—2020；
9.《钢丝绳夹》GB/T 5976—2006；
10.《建筑地基基础工程施工质量验收标准》GB 50202—2018；
11.《钢结构工程施工质量验收标准》GB 50205—2020；
12.《钢结构设计标准》GB 50017—2017；
13.《混凝土结构工程施工质量验收规范》GB 50204—2015；
14.《建筑起重机械安全监督管理规定》（建设部令第166号）；
15.《编织吊索 安全性 第1部分：一般用途合成纤维扁平吊装带》JB/T 8521.1—2007；
16.《建筑施工塔式起重机安装、使用、拆卸安全技术规程》JGJ 196—2010；
17.《塔式起重机混凝土基础工程技术标准》JGJ/T 187—2019；
18.《建筑施工安全检查标准》JGJ 59—2011；
19.《施工现场临时用电安全技术规范》JGJ 46—2005；
20.《建筑施工起重吊装工程安全技术规范》JGJ 276—2012；
21.《起重机 钢丝绳 保养、维护、检验和报废》GB/T 5972—2016；
22.《一般起重用D形和弓形锻造卸扣》GB/T 25854—2010；
23.《塔式起重机 安装与拆卸规则》GB/T 26471—2011；
24.《M（4）、S（6）和T（8）级焊接吊链》GB/T 20652—2006；
25.《钢筋焊接与验收规程》JGJ 18—2012；
26.《建筑桩基技术规范》JGJ 94—2008；
27.《建筑结构荷载规范》GB 50009—2012；
28.《危险性较大的分部分项工程安全管理规定》（住房和城乡建设部令第37号）；
29.《起重机械吊具与索具安全规程》LD 48—93

二、关键环节安全管理要求

序号	关键活动	责任人员	管理要求
1	基础施工	项目总工程师、安全总监、项目责任工程师、机械管理工程师	1. 设备基础施工前应由项目总工编制基础施工方案，并按审批流程审批。 2. 若施工现场地基承载力无法满足要求时，相关设计单位应根据勘察单位提供的地质勘察报告出具起重机械基础设计方案；基础应符合使用说明书和有关标准的要求，当基础形式与说明书不一致时，相关设计单位应出具设计方案。 3. 项目责任工程师依据基础施工方案进行基础施工，施工过程安全总监、机械管理工程师旁站监督。 4. 设备安装前，由项目总工组织基础验收
2	安拆方案、应急救援预案	项目总工程师、安拆单位技术负责人、安拆方案编制人、安拆单位现场技术员、机械管理工程师	1. 由具有安拆资质的安拆单位编制安拆方案和安拆应急救援预案，并按审批流程审批。 2. 对于超规模的建筑起重机械设备安拆，要在方案审批结束后，由项目总工程师组织专家论证。 3. 方案编制人员或项目技术负责人应当在安拆施工作业前，对施工现场管理人员进行方案交底
3	安拆告知办理	项目安全生产监督管理部、机械管理工程师	在实施安拆作业前，机械管理工程师应协助安拆单位收集相关告知资料，经项目经理确认后，报当地建设主管部门
4	设备进场验收	项目副经理、物资部、工程部、安全总监、机械管理工程师	项目副经理组织物资部、工程部、安全总监、机械管理工程师、监理、租赁、安装单位联合对设备进行进场验收
5	高风险作业审批	项目副经理、项目总工程师、项目责任工程师、安全总监、机械管理工程师	设备安拆、加降节、附着作业等高风险作业前，应填写作业审批表，并办理相关审批
6	安拆旁站监督，安全教育和安全技术交底	机械管理工程师、安全工程师	1. 设备安拆、加降节、附着作业前，项目安全工程师和机械管理工程师应核查特种作业人员证件；并组织对作业人员进行安全教育和安全技术交底。 2. 安拆作业过程中项目负责人应当在施工现场履职，安全总监（安全工程师）、机械管理工程师应旁站监督，告知监理单位，并监督产权单位、安拆单位相关人员在安拆过程中到场，收集相关资料

续表

序号	关键活动	责任人员	管理要求
7	设备自检及检测	项目副经理、物资部、工程部、安全总监、机械管理工程师、安拆单位相关人员	1. 设备安装完成后，应由安装单位进行自检，并出具自检合格证明。 2. 设备自检合格后，应由具有相应资质的检验检测机构进行检测，项目部留存检测报告原件，在其规定的有效期满前申请重新检测、验收
8	组织验收	项目副经理、项目总工程师、工程部、安全总监、机械管理工程师	1. 设备检测合格或每次工况调整后，项目副经理组织项目安全总监、机械管理工程师、安装单位、租赁单位、监理单位进行联合验收，验收合格后方可投入使用。 2. 验收合格后，应在设备醒目位置放置验收公示牌，并留存相关资料。 3. 需办理使用登记的，机械管理工程师应自机械设备安装验收合格之日起 30 日内，向工程所在地政府主管部门办理使用登记，登记标志置于或者附着于该机械设备的显著位置
9	日常管理	项目副经理、项目总工程师、项目责任工程师、安全总监、机械管理工程师	1. 作业人员持证管理、安全教育培训与安全技术交底。 2. 设备安全检查、隐患整改、维护保养。 3. 设备进出场管理、施工进度配合等。 4. 落实维保计划，监督产权单位维护保养。 5. 安全监督日志的填写
10	监督检查	安全总监、机械管理工程师、安全工程师	1. 巡查现场起重吊装、垂直运输作业，落实公司吊索具常态化检查要求。 2. 监督作业人员安全操作，制止违章作业。 3. 督促作业人员班前检查

三、塔式起重机安拆过程安全隐患防治图解

类别	典型安全隐患问题	正确做法	依据
安拆过程	 **隐患：** 设备安装人员未持有相应证件。 **危害：** 安装人员不熟悉操作规程，易发生事故	 **正确做法：** 设备安拆人员应持有建设主管部门颁发的资格证书	《建筑施工塔式起重机安装、使用、拆卸安全技术规程》JGJ 196—2010 第 2.0.3 条规定，塔式起重机安装、拆卸作业应配备具有建筑施工特种作业操作资格证书的建筑起重机械安装拆卸工、起重司机、起重信号工、司索工等特种作业操作人员
	 **隐患：** 安拆人员未经过安全教育、安全技术交底进行作业。 **危害：** 作业人员不了解设备性能及专项施工方案要求	 **正确做法：** 作业前需对安拆人员进行安全教育、安全技术交底	《建筑施工塔式起重机安装、使用、拆卸安全技术规程》JGJ 196—2010 第 3.4.2 条规定，安装作业，应根据专项施工方案要求实施。安装作业人员应分工明确、职责清楚。安装前应对安装作业人员进行安全技术交底
	 **隐患：** 未配备专业电工和信号工。 **危害：** 易造成触电事故或起重伤害	 **正确做法：** 塔式起重机安拆作业应配置电工和信号工	《建筑施工塔式起重机安装、使用、拆卸安全技术规程》JGJ 196—2010 第 2.0.3 条规定，塔式起重机安装、拆卸作业应配备具有建筑施工特种作业操作资格证书的建筑起重机械安装拆卸工、起重司机、起重信号工、司索工等特种作业操作人员

续表

类别	典型安全隐患问题	正确做法	依据
安拆过程			《危险性较大的分部分项工程安全管理规定》(住房和城乡建设部令第37号)第十二条规定，对于超过一定规模的危险性较大的分部分项工程，施工单位应当组织召开专家论证会对专项施工方案进行论证。实行施工总承包的，由施工总承包单位组织召开专家论证会。专家论证前专项施工方案应当通过施工单位审核和总监理工程师审查
	隐患：超过一定规模的危险性较大的分部分项工程未进行专家论证，人员擅自进行安拆作业。 **危害：**针对超过一定规模的危险性较大的分部分项工程作业无相应的技术指导，易发生安全事故	**正确做法：**对于超过一定规模的危险性较大的分部分项工程，应组织专家论证	
			《建筑施工塔式起重机安装、使用、拆卸安全技术规程》JGJ 196—2010 第 2.0.15 条规定，在塔式起重机的安装、使用及拆卸阶段，进入现场的作业人员必须佩戴安全帽、防滑鞋、安全带等防护用品，无关人员严禁进入作业区域内。在安装、拆卸作业期间，应设警戒区
	隐患：安拆人员在作业时未佩戴安全带。 **危害：**易发生高处坠落事故	**正确做法：**应正确佩戴并系挂安全带	
			《建筑施工塔式起重机安装、使用、拆卸安全技术规程》JGJ 196—2010 第 2.0.15 条规定，在塔式起重机的安装、使用及拆卸阶段，进入现场的作业人员必须佩戴安全帽、防滑鞋、安全带等防护用品，无关人员严禁进入作业区域内。在安装、拆卸作业期间，应设警戒区
	隐患：塔式起重机安拆作业区域内未拉设警戒线。 **危害：**易发生物体打击、机械伤害、起重伤害等事故	**正确做法：**作业区域拉设警戒线	

续表

类别	典型安全隐患问题	正确做法	依据
安拆过程		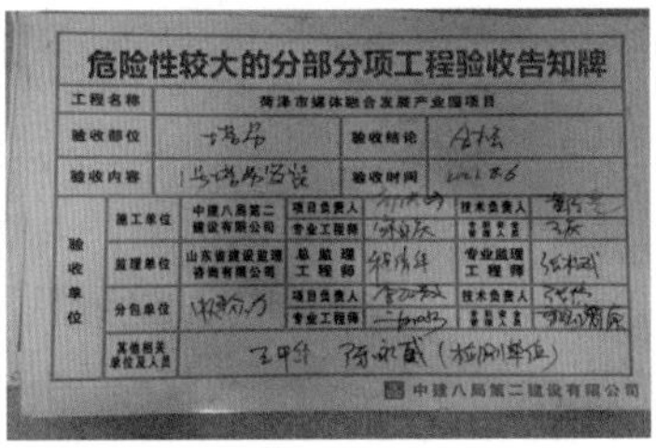	《危险性较大的分部分项工程安全管理规定》（住房和城乡建设部令第37号）第十四条规定，施工单位应当在施工现场显著位置公告危险性较大的分部分项工程名称、施工时间和具体责任人员，并在危险区域设置安全警示标志
	隐患：未在施工现场显著位置设置危险性较大的分部分项工程告知牌。 **危害：**责任划分不清，管理混乱	**正确做法：**在施工现场显著位置公告危险性较大的分部分项工程名称、施工时间和具体责任人员	
			《建筑起重机械安全监督管理规定》（建设部令第166号）第十三条规定，安装单位的专业技术人员、专职安全生产管理人员应当进行现场监督，技术负责人应当定期巡查。 《建筑施工安全管理十条》（济建质安字〔2021〕33号）规定，施工升降机安拆、加节时，作业现场应有以下人员进行现场检查：安拆单位的专业技术人员、专职安全员；施工总承包单位的专职机管员、专职安全员；监理单位的监理工程师。上述人员必须全部全过程在岗，严禁缺席
	隐患：无关人员进入设备安拆作业区域，旁站人员未落实旁站监督。 **危害：**容易造成物体打击、起重伤害等事故	**正确做法：**作业范围设置警戒线，并由专人进行旁站监督	
		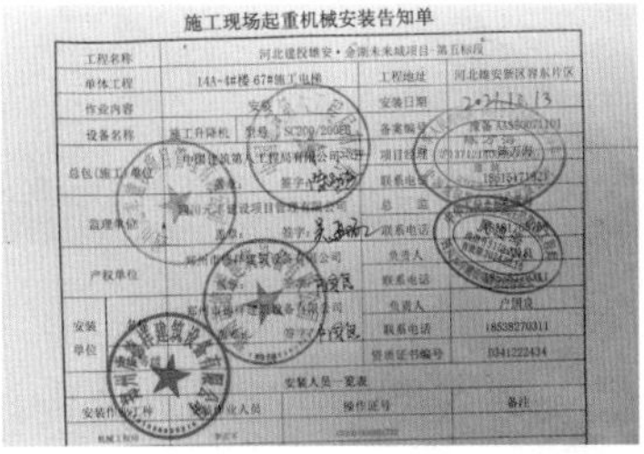	《建筑起重机械安全监督管理规定》（建设部令第166号）第十二条第五款规定，将建筑起重机械安装、拆卸工程专项施工方案，安装、拆卸人员名单，安装、拆卸时间等材料报施工总承包单位和监理单位审核后，告知工程所在地县级以上地方人民政府建设主管部门
	隐患：设备未进行安装告知。 **危害：**发生事故主管部门不能及时管控处理	**正确做法：**塔式起重机应具有特种设备制造许可证、产品合格证、制造监督检验证明，并已在县级以上地方建设主管部门备案登记	

续表

类别	典型安全隐患问题	正确做法	依据
安拆过程	**隐患：**塔式起重机安装时基础设计强度未达到80%以上。 **危害：**基础强度不足，造成设备倾覆	**正确做法：**基础强度超过80%方可安装	《塔式起重机混凝土基础工程技术标准》JGJ/T 187—2019第8.1.3条规定，安装塔式起重机时基础混凝土应达到设计强度的80%以上，塔式起重机运行使用时基础应达到设计强度的100%
	隐患：安拆场地未验收。 **危害：**无法满足安拆作业辅助机械的支放及通行	**正确做法：**安拆作业前应对场地进行验收，道路通畅，路面坚实可靠	《建筑施工塔式起重机安装、使用、拆卸安全技术规程》JGJ196—2010第3.4.1条规定，安装前应根据专项施工方案，对塔式起重机安装辅助设备的基础、地基承载力、预埋件等项目进行检查，确认合格后方可实施
	隐患：未对设备安拆辅助机械进行验收。 **危害：**易发生起重伤害	**正确做法：**安拆作业辅助机械设备进入施工现场前应验收	《建筑施工塔式起重机安装、使用、拆卸安全技术规程》JGJ 196—2010第3.4.3条规定，安装辅助设备就位后，应对其机械和安全性能进行检验，合格后方可作业
	隐患：汽车起重机支腿支点位置路面下陷。 **危害：**汽车起重机倾覆	**正确做法：**在使用汽车起重机前对基础、支点、安全装置进行验收，合格后使用	《汽车起重机安全操作规程》DL/T 5250—2010第4.3.1条规定，工作场地应满足汽车起重机作业要求。第4.3.2条规定，按顺序定位伸展支腿，在支腿座下铺垫垫块，调节支腿使起重机呈水平状态，其倾斜度满足设备技术文件规定，并使轮胎脱离地面。第4.3.4条规定，作业中应随时观察支腿座下地基，发现地基下沉、塌陷时，应立即停止作业及时处理

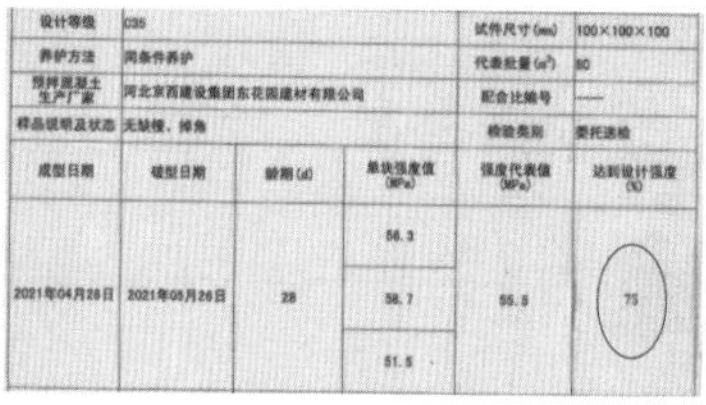

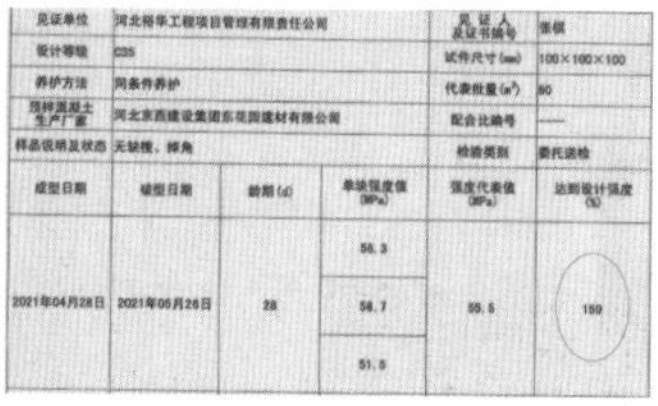

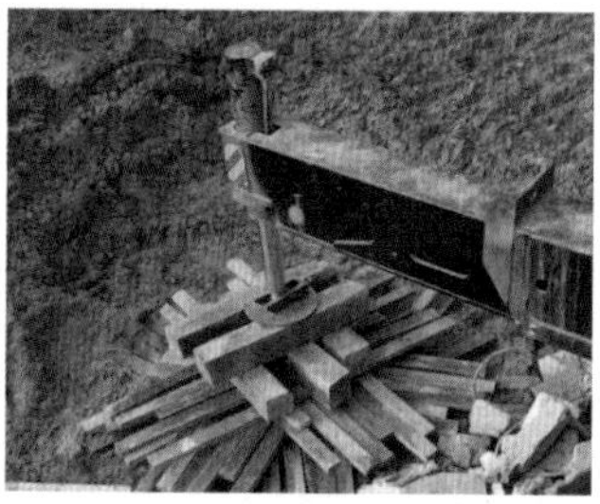

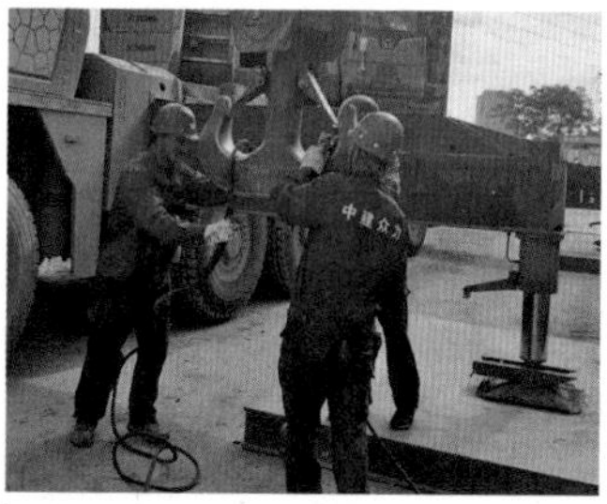

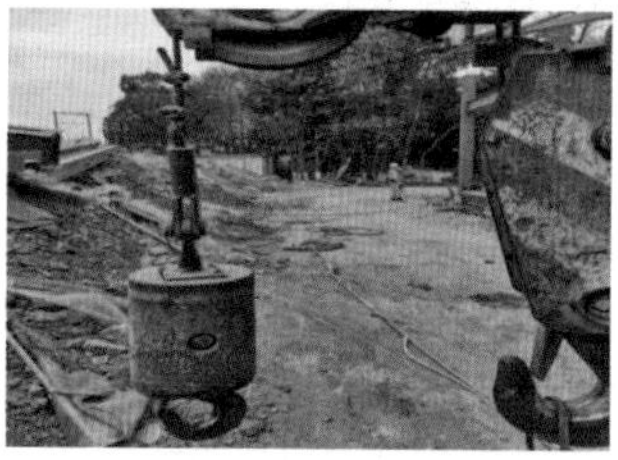

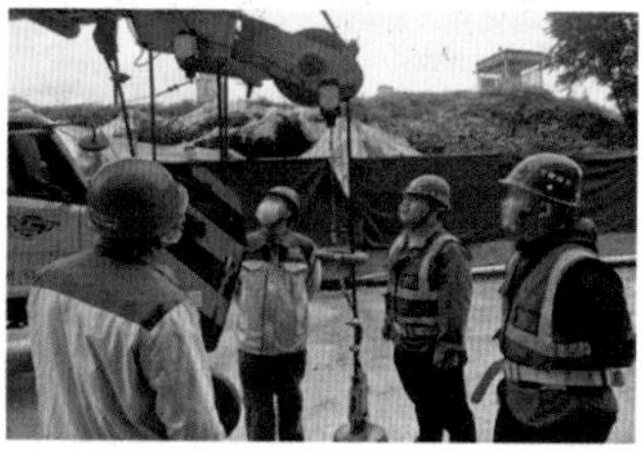

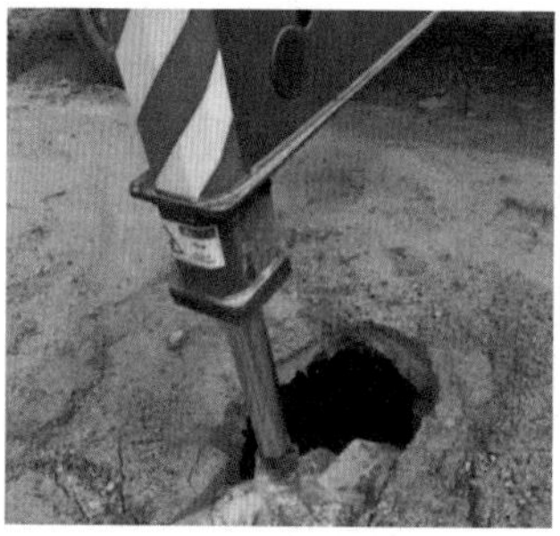

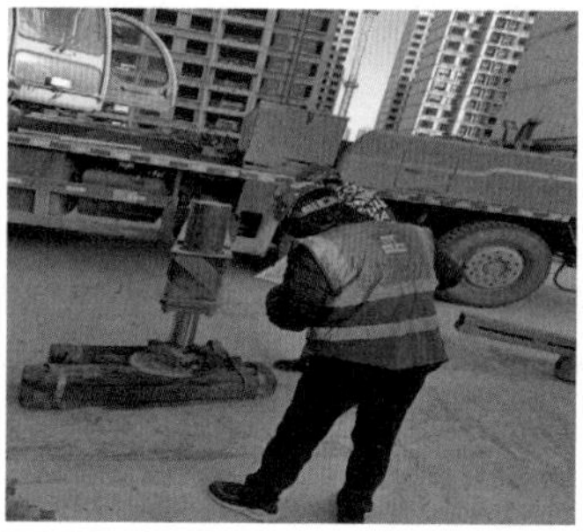

续表

类别	典型安全隐患问题	正确做法	依据
安拆过程	 **隐患：**安装作业时存在交叉作业。 **危害：**交叉作业易发生碰撞	 **正确做法：**制定合理的交叉作业方案，进行施工组织并按方案进行施工	《塔式起重机》GB/T 5031—2019 第 10.2.1 条规定，塔机安装位置的选择应考虑所有影响其安全操作的因素，特别注意：满足安装架设（拆卸）空间和运输通道（含辅助起重机站位）要求
	 **隐患：**吊点选择不当。 **危害：**吊物失衡，造成机械伤害	 **正确做法：**选择合适吊点	塔式起重机说明书要求，根据起重臂臂长选择合适吊点，平稳吊装
	 **隐患：**未按照说明书及专项施工方案安装顺序进行施工。 **危害：**易造成设备倾覆	 **正确做法：**塔式起重机安装应按照说明书及专项施工方案进行安装作业	《建筑施工塔式起重机安装、使用、拆卸安全技术规程》JGJ 196—2010 第 2.0.10 条规定，塔式起重机安装、拆卸前，应编制专项施工方案，指导作业人员实施安装、拆卸作业。专项施工方案应根据塔式起重机使用说明书和作业场地的实际情况编制，并应符合国家现行相关标准的规定
	 **隐患：**未安装障碍灯。 **危害：**夜间施工无障碍指示灯易发生碰撞导致塔式起重机倒塌	 **正确做法：**正确安装红色障碍指示灯	《塔式起重机》GB/T 5031—2019 第 5.5.6.2 条规定，塔顶高于 30m 的塔式起重机，其最高点及臂端应安装红色障碍指示灯，指示灯的供电应不受停机影响

续表

类别	典型安全隐患问题	正确做法	依据
安拆过程	 **隐患：**起重臂安装未设置牵引绳。 **危害：**吊物不易控制	 **正确做法：**安装起重臂及平衡臂时应设置牵引绳由操作人员控制构件的平衡和稳定	《建筑施工起重吊装工程安全技术规范》JGJ 276—2012第3.0.8条规定，高空吊装屋架、梁和采用斜吊绑扎吊装柱时，应在构件两端绑扎溜绳，由操作人员控制构件的平衡和稳定
	 **隐患：**塔式起重机防雷接地扁铁未连接塔身。 **危害：**在雷雨天气易造成操作人员触电事故	 **正确做法：**塔式起重机防雷接地必须可靠连接	《塔式起重机安全规程》GB 5144—2006第8.1.3条规定，塔式起重机的金属结构、轨道、所有电气设备的金属外壳、金属线管、安全照明的变压器低压侧等均应可靠接地。接地电阻不大于4Ω。重复接地电阻不大于10Ω。接地装置的选择和安装应符合电气安全的有关要求
	 **隐患：**顶升过程中与其他塔式起重机干涉。 **危害：**易造成起重伤害	 **正确做法：**设备顶升时禁止周围其他施工机械回转至顶升作业区域	《塔式起重机》GB/T 5031—2019第10.2.1条规定，塔式起重机安装位置的选择应考虑所有影响其安全操作的因素，特别注意：满足安装架设（拆卸）空间和运输通道（含辅助起重机站位）要求
	 **隐患：**塔式起重机安装完毕后产权单位未进行自检。 **危害：**遗留隐患	 **正确做法：**设备安装完成后安装单位需进行自检	《建筑施工塔式起重机安装、使用、拆卸安全技术规程》JGJ 196—2010第3.4.18条规定，经自检、检测合格后，应由总承包单位组织出租、安装、使用、监理等单位进行验收，并应按本规程附录B填写验收表，合格后方可使用

续表

类别	典型安全隐患问题	正确做法	依据
安拆过程	 **隐患：**塔式起重机套架平台处堆放销轴、杂乱。 **危害：**易发生物体打击	 **正确做法：**安装完毕后，应及时清理施工现场的辅助用具和杂物	《建筑施工塔式起重机安装、使用、拆卸安全技术规程》JGJ 196—2010 第 3.4.14 条规定，安装完毕后，应及时清理施工现场的辅助用具和杂物
	 **隐患：**无应急救援措施。 **危害：**无法有序有效开展救援	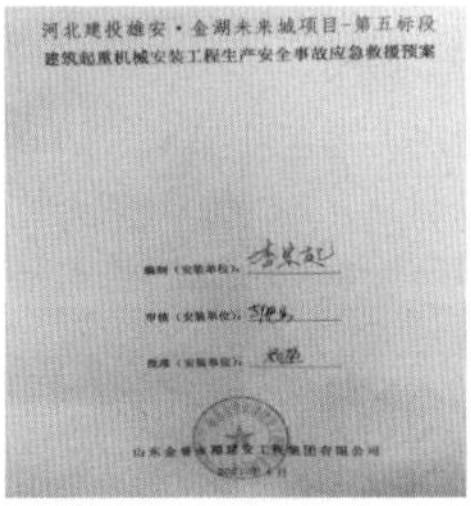 **正确做法：**设备安装前应编制安装安全生产应急救援预案，并报送审批	《建筑施工塔式起重机安装、使用、拆卸安全技术规程》JGJ 196—2010 第 2.0.11 条规定，塔式起重机安装前应编制专项施工方案，并应包括重大危险源和安全技术措施、应急预案等
	 **隐患：**安拆现场未配备应急车辆及应急物资。 **危害：**发生事故不能及时进行施救	 **正确做法：**安拆现场配备应急车辆及应急物资	《建筑施工塔式起重机安装、使用、拆卸安全技术规程》JGJ 196—2010 第 2.0.12 条规定，塔式起重机拆卸专项方案应包括应急预案
	 **隐患：**配重标识不清晰。 **危害：**安装时不易辨别，易造成配重安装错误	 **正确做法：**配重应有对应的重量标识	《塔式起重机》GB/T 5031—2019 第 5.2.1.3 条规定，可拆分吊装的平衡重和压重，应易于区分且装拆方便，每块平衡重和压重都应在本身明显的位置标识重量

续表

类别	典型安全隐患问题	正确做法	依据
安拆过程	 **隐患：**塔式起重机独立高度超过说明书要求。 **危害：**易造成塔式起重机倾覆	 **正确做法：**塔式起重机安装的高度超过最大独立高度时，应按照使用说明书的要求安装附着装置	《建筑施工塔式起重机安装、使用、拆卸安全技术规程》JGJ 196—2010 第 3.4.6 条规定，塔式起重机加节后需进行附着的，应按照先装附着装置、后顶升加节的顺序进行，附着装置的位置和支撑点的强度应符合要求
	 **隐患：**顶升过程中未进行配平作业。 **危害：**易造成塔式起重机倾覆	 **正确做法：**顶升前，应将塔式起重机配平，顶升过程中，应确保塔式起重机的平衡	《建筑施工塔式起重机安装、使用、拆卸安全技术规程》JGJ 196—2010 第 3.4.6 条规定，顶升前，应将塔式起重机配平；顶升过程中，应确保塔式起重机的平衡
	 **隐患：**标准节未正确引进。 **危害：**易造成起重伤害	 **正确做法：**应按要求正确使用引进小车或引进平台	《建筑施工塔式起重机安装、使用、拆卸安全技术规程》JGJ 196—2010 第 3.4.6 条规定，顶升加节的顺序，应符合使用说明书的规定
	 **隐患：**顶升过程中套架与回转下支座未连接。 **危害：**易造成塔式起重机倾覆	 **正确做法：**塔式起重机顶升完确保回转下支座与标准节连接可靠后方可进行工作	《建筑施工塔式起重机安装、使用、拆卸安全技术规程》JGJ 196—2010 第 3.4.6 条规定，顶升结束后，应将标准节与回转下支座可靠连接

续表

类别	典型安全隐患问题	正确做法	依据
安拆过程	 **隐患：**塔式起重机标准节未安装休息平台。 **危害：**易发生高处坠落	 **正确做法：**塔式起重机标准节休息平台应设置在不超过 12.5m 的高度处，以后每隔 10m 内设置一个	《塔式起重机安全规程》GB 5144—2006 第 4.4.6 条规定，除快装式塔式起重机外，当梯子高度超过 10m 时应设置休息小平台。第 4.4.6.1 条规定，梯子的第一个休息小平台应设置在不超过 12.5m 的高度处，以后每隔 10m 内设置一个
	 **隐患：**活动爬爪两端用铁丝固定。 **危害：**易造成套架坠落或塔式起重机倾覆	 **正确做法：**顶升前应检查各部件连接是否正确可靠	《建筑施工塔式起重机安装、使用、拆卸安全技术规程》JGJ 196—2010 第 3.4.6 条规定，自升式塔式起重机顶升加节，顶升前，应确保顶升横梁搁置正确
	 **隐患：**顶升套架的导向轮偏位，导向轮与标准节主弦之间的间隙过大。 **危害：**易造成塔式起重机倾覆	 **正确做法：**顶升作业前应对顶升系统进行检查，调整好顶升套架滚轮与塔身标准节的间隙，确认各机构部位完好方可进行顶升作业	《建筑机械使用安全技术规程》JGJ 33—2012 第 4.4.15 条规定，塔式起重机升降作业时，应调整好顶升套架滚轮与塔身标准节的间隙
	 **隐患：**液压泵开关老化损坏，压力表损坏（指针不能归零）。 **危害：**压力表损坏不易观察液压缸压力情况	 **正确做法：**泵站开关应完好，压力表应正常显示	《建筑施工塔式起重机安装、使用、拆卸安全技术规程》JGJ 196—2010 第 3.4.6 条规定，自升式塔式起重机的顶升加节，顶升系统必须完好

续表

类别	典型安全隐患问题	正确做法	依据
安拆过程	 **隐患：**顶升油缸未试运行直接作业。 **危害：**造成油缸伸缩速度不均匀引起塔式起重机晃动或塔式起重机倾覆	 **正确做法：**在冬季启动液压油泵时，应空载多次伸缩活塞杆使油温上升，液压装置运转灵活后，再进入正常运转	《塔式起重机安装与拆卸规则》GB/T 26471—2011 第 8.3.7 条规定，在冬季启动液压油泵时，应空载多次伸缩活塞杆使油温上升，液压装置运转灵活后，再进入正常运转
	 **隐患：**螺栓为非高强度螺栓且无标识。 **危害：**无法确认螺栓等级	 **正确做法：**使用有标识的高强度螺栓并按要求安装	《塔式起重机》GB/T 5031—2019 第 5.3.2.2 条规定，主要受力结构件间的螺栓连接应采用高强度螺栓，高强度螺栓副应符合现行国家标准 GB/T 3098.1 和 GB/T 3098. 2 的规定，并应有性能等级符号标识及合格证书
	 **隐患：**塔式起重机附着非原厂构件。 **危害：**结构质量无保障容易导致塔身倾斜	 **正确做法：**附着框及拉杆应由厂家制作且附合格证明	《建筑施工塔式起重机安装、使用、拆卸安全技术规程》JGJ 196—2010 第 3.3.3 条规定，附着装置的构件和预埋件应由原制造厂家或由具有相应能力的企业制作
	 **隐患：**顶升套架结构件塑性变形。 **危害：**顶升过程中结构件变形易造成失稳导致塔式起重机倾覆	 **正确做法：**安装塔式起重机和顶升前检查各结构件有无锈蚀、变形、开焊	《建筑施工塔式起重机安装、使用、拆卸安全技术规程》JGJ 196—2010 第 2.0.16 条规定，塔式起重机在安装前和使用过程中，发现有下列情况之一的，不得安装和使用：1. 结构件上有可见裂纹和严重锈蚀的；2. 主要受力构件存在塑性变形的；3. 连接件存在严重磨损和塑性变形的；4. 钢丝绳达到报废标准的；5. 安全装置不齐全或失效的

续表

<table>
<tr><th>类别</th><th>典型安全隐患问题</th><th>正确做法</th><th>依据</th></tr>
<tr><td rowspan="8">安拆过程</td><td></td><td>

塔式起重机附着计算书

1 号写字楼塔式起重机附着计算

塔机安装位置至建筑物距离超过使用说明规定，需要增长附着杆或附着杆与建筑物连接的两支座间距改变时，需要进行附着的计算。主要包括附着杆计算、附着支座计算和锚固环计算。

一、参数信息

<table>
<tr><td>塔吊型号:QTZ160(TCT7015)</td><td>塔吊最大起重力矩:M=1600kN.m</td></tr>
<tr><td>非工作状态下塔身弯矩:M =-5231kN.m</td><td>塔吊计算高度:H=131m</td></tr>
<tr><td>塔身宽度:B =2m</td><td>附着框宽度:2.6m</td></tr>
<tr><td>最大扭矩:462kN.m</td><td>风荷载设计值:1.43kN/m2</td></tr>
<tr><td>附着节点数:4</td><td>各层附着高度分别(m):39,60.5,73,93.3</td></tr>
<tr><td>附着杆选用格构式：角钢+角钢缀条</td><td>附着点1到塔吊的竖向距离：b1=8.2m</td></tr>
<tr><td>附着点1到塔吊的横向距离：a1=3.1m</td><td>附着点1到附着点2的距离：a2=9m</td></tr>
</table>

二、支座力计算

塔机按照说明书与建筑物附着时，最上面一道附着装置的负荷最大，因此以此道附着杆的负荷作为设计或校核附着杆截面的依据。

附着式塔机的塔身可以视为一个带悬臂的刚性支撑连续梁，其内力及支座反力计算如下：</td><td rowspan="2">《建筑施工塔式起重机安装、使用、拆卸安全技术规程》JGJ 196—2010 第 3.3.2 条规定，当附着水平距离、附着间距等不满足使用说明书要求时，应进行设计计算、绘制制作图和编写相关说明</td></tr>
<tr><td>隐患：附着杆长度超过说明书要求</td><td>正确做法：当附着水平距离、附着间距等不满足使用说明书要求时应进行设计计算</td></tr>
<tr><td></td><td></td><td rowspan="2">《建筑机械使用安全技术规程》JGJ 33—2012 第 4.4.16 条规定，附着框架宜设置在塔身标准节连接处，箍紧塔身</td></tr>
<tr><td>隐患：未按说明书要求安装附着框内撑杆。
危害：垂直度增大，易引起塔式起重机倾覆事故</td><td>正确做法：附着框架宜设置在塔身标准节连接处，箍紧塔身。应按照说明书及专项施工方案要求进行安装</td></tr>
<tr><td></td><td></td><td rowspan="2">《建筑施工塔式起重机安装、使用、拆卸安全技术规程》JGJ 196—2010 第 3.3.4 条规定，附着装置设计时，应对支承处的建筑主体结构进行验算。第 3.4.6 条规定，塔式起重机加节后需进行附着的，应按照先装附着装置、后顶升加节的顺序进行，附着装置的位置和支撑点的强度应符合要求</td></tr>
<tr><td>隐患：附着点位置靠近墙体边缘。
危害：易造成墙体拉裂塔式起重机倾覆</td><td>正确做法：附着点应进行强度计算，结构形式正确，附墙与建筑物连接牢固</td></tr>
<tr><td></td><td>
</td><td rowspan="2">《塔式起重机安全规程》GB 5144—2006 第 4.4.1 条规定，在操作、维修处应设置平台、走道、踢脚板和栏杆</td></tr>
<tr><td>隐患：未安装附着操作平台。
危害：易造成高处坠落</td><td>正确做法：安装定型化操作平台</td></tr>
</table>

续表

类别	典型安全隐患问题	正确做法	依据
安拆过程	**隐患：**塔式起重机垂直度偏差过大。 **危害：**易造成塔式起重机倾覆	**正确做法：**空载、风速不大于3m/s状态下，独立状态塔身（或附着状态下最高附着点以上塔身）轴心线的侧向垂直度误差不大于0.4%，最高附着点以下塔身轴心线的垂直度误差不大于0.2%	《塔式起重机》GB/T 5031—2019第5.2.4条规定，空载、风速不大于3m/s状态下，独立状态塔身（或附着状态下最高附着点以上塔身）轴心线的侧向垂直度误差不大于0.4%，最高附着点以下塔身轴心线的垂直度误差不大于0.2%
	10° **隐患：**塔式起重机附着杆件所在平面与水平面的夹角大于10°。 **危害：**易造成塔式起重机倾覆	**正确做法：**附着装置所在平面与水平面的夹角不得超过10°	《建筑机械使用安全技术规程》JGJ 33—2012第4.4.16条规定，安装附着框架和附着支座时，各道附着装置所在平面与水平面的夹角不得超过10°
	 无安全防护的司机通道 **隐患：**人员上塔通道无防护。 **危害：**易发生高处坠落	 **正确做法：**安装标准化人员上塔通道	《塔式起重机安全规程》GB 5144—2006第4.4.1条规定，在操作、维修处应设置平台、走道、踢脚板和栏杆。第4.4.2条规定，离地面2m以上的平台和走道应用金属材料制作，并具有防滑性能。在使用圆孔、栅格或其他不能形成连续平面的材料时，孔或间隙的大小不应使直径为20mm的球体通过。在任何情况下，孔或间隙的面积应小于400mm^2

续表

类别	典型安全隐患问题	正确做法	依据
安拆过程	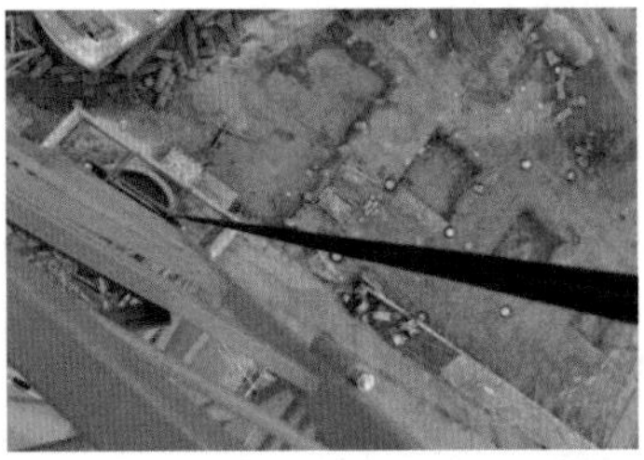 **隐患：**电缆线未进行绝缘固定，无卸荷。 **危害：**造成电缆线磨损、发生漏电触电事故	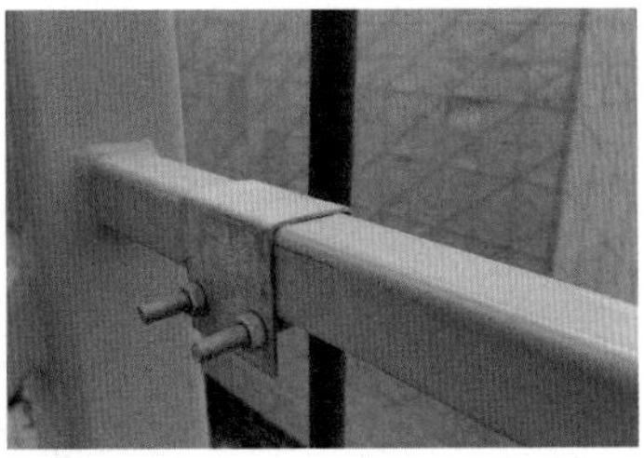 **正确做法：**使用电缆线专用固定装置	《塔式起重机》GB/T 5031—2019 第 5.5.2.6 条规定，沿塔身垂直悬挂的电缆应使用电缆网套或其他装置悬挂，其挂点数量应根据电缆的规格、型号、长度及塔式起重机工作环境确定，保证电缆在使用中不被损坏
	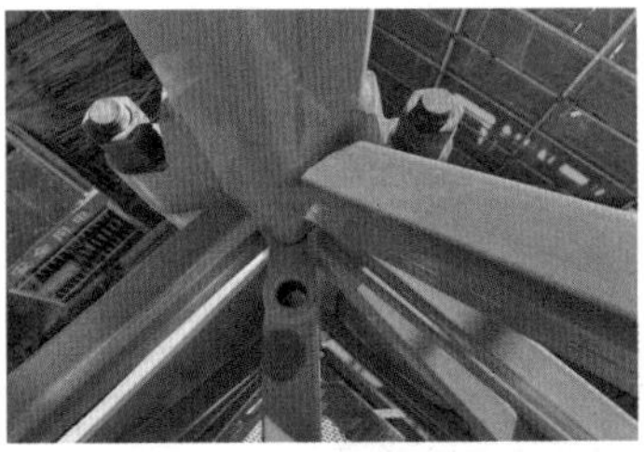 **隐患：**塔式起重机普通标准节与加强节混用。 **危害：**易发生塔式起重机倾覆	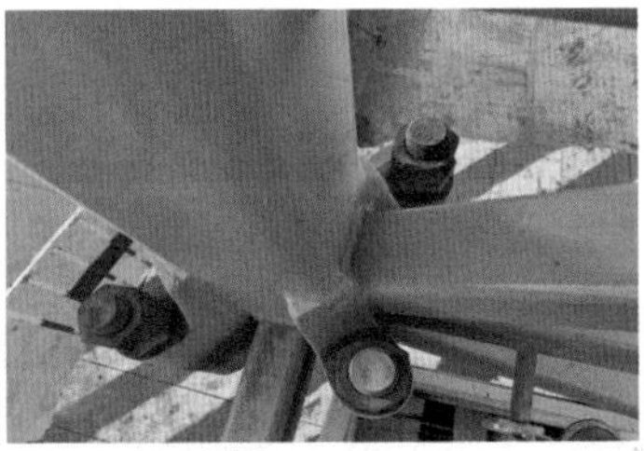 **正确做法：**应按说明书及专项施工方案要求正确安装标准节及加强节，严禁混装	《塔式起重机安全规程》GB 5144—2006 第 4.9.1 条规定，自升式塔式起重机出厂后，后续补充的结构件（塔身标准节、预埋节、基础连接件等）在使用中不应降低原塔式起重机的承载能力，且不能增加塔式起重机结构的变形
	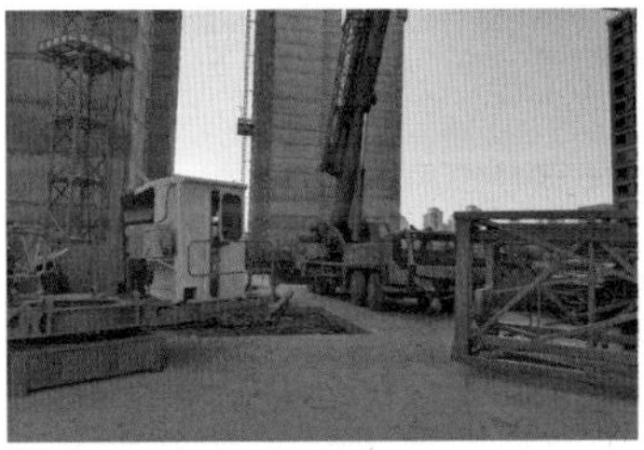 **隐患：**汽车起重机支放至车库顶板。 **危害：**易发生坍塌、汽车起重机倾覆	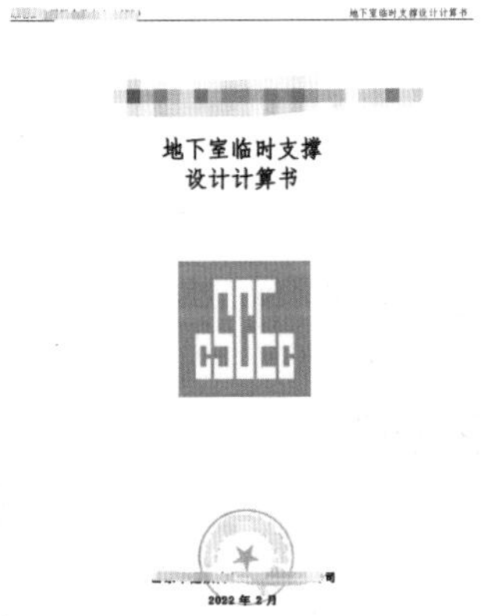 地下室临时支撑设计计算书 地下室临时支撑 设计计算书 2022 年 3 月 **正确做法：**作业前需进行受力计算，必要时应将车库顶板回顶	《建筑机械使用安全技术规程》JGJ 33—2012 第 4.3.1 条规定，起重机械工作的场地应保持平坦坚实，符合起重时的受力要求；起重机械应与沟渠、基坑保持安全距离

四、塔式起重机安全装置安全隐患防治图解

类别	典型安全隐患问题	正确做法	依据
安全装置	 **隐患：**吊钩起升高度限位器失效。 **危害：**吊钩与变幅小车下端安全距离偏小容易造成吊钩冲顶事故	 **正确做法：**吊钩装置顶部升至起重臂下端的最小距离应为 800mm	《塔式起重机》GB/T 5031—2019 第 5.6.1.2 条规定，小车变幅的塔式起重机，吊钩装置顶部升至小车架下端的最小距离为 800mm 处时，应能立即停止起升运动，但应有下降运动
	 **隐患：**吊钩起升高度限位器内部线路松动。 **危害：**起升高度限位器反应不灵敏、失效，易造成吊钩冲顶事故	 **正确做法：**限位器内部线路应可靠连接，并盖好防护罩	《塔式起重机》GB/T 5031—2019 第 5.6.1.2 条规定，小车变幅的塔式起重机，吊钩装置顶部升至小车架下端的最小距离为 800mm 处时，应能立即停止起升运动，但应有下降运动
	 **隐患：**限位器被杂物缠绕。 **危害：**引发限位失效，造成事故	 **正确做法：**加装防护罩	《建筑施工塔式起重机安装、使用、拆卸安全技术规程》JGJ 196—2010 第 4.0.6 条规定，塔式起重机起吊前，应对安全装置进行检查，确认合格后方可起吊；安全装置失灵时，不得起吊

续表

类别	典型安全隐患问题	正确做法	依据
安全装置		 	《塔式起重机》GB/T 5031—2019 第 5.6.4 条规定，回转处不设集电器供电的塔式起重机，应设置正反两个方向回转限位开关，开关动作时臂架旋转角度应不大于 ±540°。 《建筑施工升降设备设施检验标准》JGJ 305—2013 第 8.2.6 条规定，齿轮啮合应均匀平稳，且无断齿、啃齿
	隐患：回转限位齿轮与回转齿盘啮合间隙过大。 **危害：**回转限位失效	**正确做法：**齿轮啮合应均匀平稳，且无断齿、啃齿	
			《塔式起重机》GB/T 5031—2019 第 5.5.5.7 条规定，司机操作位置处应设置紧急停止按钮，在紧急情况下能方便切断塔式起重机控制系统电源。紧急停止按钮应为红色非自动复位式
	隐患：驾驶室联动台紧急停止按钮用胶带固定、失效。 **危害：**紧急情况下无法切断塔式起重机控制系统电源	**正确做法：**紧急停止按钮应能有效切断塔式起重机控制系统电源。加强对司机的安全教育，讲明该安全装置重要性及失效时的危害	
			《塔式起重机安全规程》GB 5144—2006 第 8.2.4 条规定，采用联动控制台操纵时，联动控制台应具有零位自锁和自动复位功能
	隐患：驾驶室操纵手柄零位保护用胶带捆扎、失效。 **危害：**易造成因误操作而引起的机构动作	**正确做法：**操作手柄零位保护应灵敏有效。加强对司机的安全教育，讲明该安全装置的重要性及失效时的危害	

续表

类别	典型安全隐患问题	正确做法	依据
安全装置			《塔式起重机》GB/T 5031—2019 第 5.6.2.1 条规定，动臂变幅的塔式起重机，应设置幅度限位开关，在臂架到达相应的极限位置前开关动作，停止臂架继续往极限方向变幅。第 5.6.2.2 条规定，小车变幅的塔式起重机，应设置小车行程限位开关和终端缓冲装置。限位开关动作后应保证小车停车时其端部距缓冲装置最小距离为 200mm
	隐患：变幅限位安全距离不足。 **危害：**变幅限位不灵敏，安全距离不足的情况下极易出现碰撞塔身以及冲出起重臂发生事故	**正确做法：**及时调整变幅限位，安全距离合格后方可使用；进场安装完成后，按要求严格调试，安全距离达到要求方可投入适用	
			《塔式起重机》GB/T 5031—2019 第 5.6.7 条规定，小车变幅塔式起重机应设置双向小车变幅断绳保护装置。 《建筑施工安全检查标准》JGJ 59—2011 第 3.17.3 条规定，小车变幅的塔式起重机应安装断绳保护及断轴保护装置，并应符合规范要求
	隐患：小车断绳保护装置用铁丝绑扎。 **危害：**变幅小车将无控制继续运行，易发生安全事故	**正确做法：**小车变幅塔式起重机应设置双向小车变幅断绳保护装置且灵敏有效	
			《塔式起重机》GB/T 5031—2019 第 5.6.6.2 条规定，起重力矩限制器控制定码变幅的触点和控制定幅变码的触点应分别设置，且能分别调整。 《建筑施工安全检查标准》JGJ 59—2011 第 3.17.3 条规定，应安装起重力矩限制器并应灵敏可靠，当起重力矩大于相应工况下的额定值并小于该额定值的 110%，应切断上升和幅度增大方向的电源，但机构可作下降和减小幅度方向的运动
	隐患：起重力矩限制器未按要求设置。 **危害：**塔式起重机超力矩使用引发安全事故	**正确做法：**由专业人员更换符合要求的起重力矩限制器，并对起重力矩限制器进行调试，确保安全有效	

续表

类别	典型安全隐患问题	正确做法	依据
安全装置	 **隐患：**塔式起重机起重力矩限制器未接线。 **危害：**易造成起重伤害	 **正确做法：**由专业人员进行接线，并对起重力矩限制器进行调试，确保安全有效	《塔式起重机》GB/T 5031—2019 第 5.6.6.5 条规定，在塔式起重机达到额定起重力矩和 / 或额定起重量的 90% 以上时，应能向司机发出断续的声光报警。在塔式起重机达到额定起重力矩和 / 或额定起重量的 100% 以上时，应能发出连续清晰的声光报警，且只有在降低到额定工作能力 100%以内时报警才能停止
	  **隐患：**塔式起重机起重量限制器未接线，铭牌、防护罩丢失。 **危害：**易导致起重伤害	  **正确做法：**起重量限制器应正确安装且灵敏有效	《塔式起重机》GB/T 5031—2019 第 5.6.6.4 条规定，当起重量大于最大额定起重量并小于 110%额定起重量时，应停止上升方向动作，但应有下降方向动作。具有多挡变速的起升机构，限制器应对各挡位具有防止超载的作用
	 **隐患：**塔式起重机风速仪未接线。 **危害：**大风天气无法监测实时风力，引发安全事故	 **正确做法：**按要求正确接线，并保证安全有效	《塔式起重机》GB/T 5031—2019 第 5.6.13 条规定，除起升高度低于 30m 的自行架设塔式起重机外，塔式起重机应配备风速仪，当风速大于工作允许风速时，应能发出停止作业的警报
	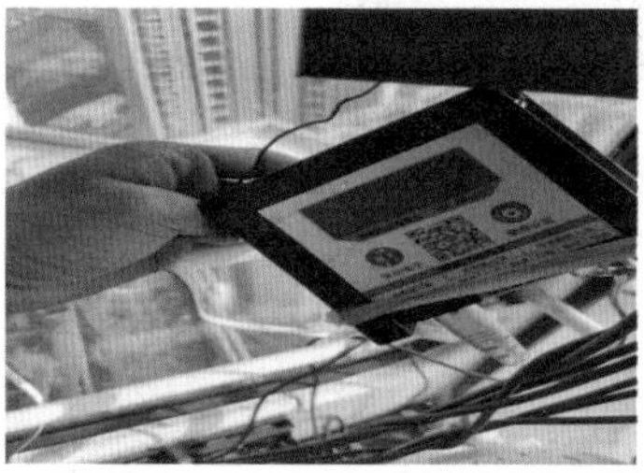 **隐患：**风速仪显示屏损坏。 **危害：**操作人员无法了解实时风速	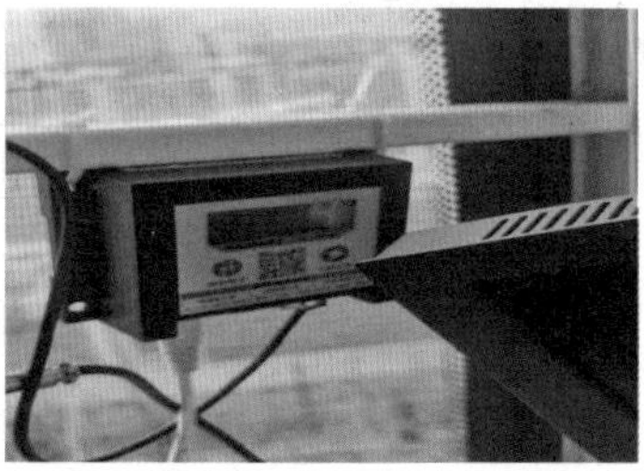 **正确做法：**修复风速仪显示屏，便于操作人员了解风速	《塔式起重机安全规程》GB 5144—2006 第 6.7 条规定，起重臂根部铰点高度大于 50m 的塔式起重机，应配备风速仪。当风速大于工作极限风速时，应能发出停止作业的警报。风速仪应设在塔式起重机顶部的不挡风处

续表

类别	典型安全隐患问题	正确做法	依据
安全装置	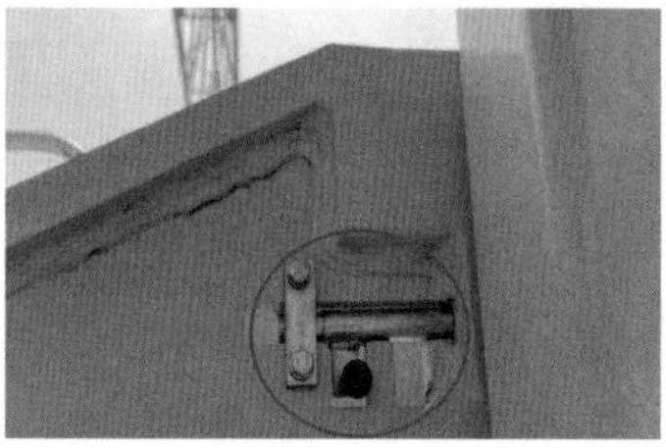		《塔式起重机》GB/T 5031—2019 第 5.6.11 条规定，爬升式塔式起重机爬升支撑装置应有直接作用于其上的预定工作位置锁定装置。在加节、降节作业中，塔式起重机未到达稳定支撑状态（塔式起重机回落到安全状态或被换步支撑装置安全支撑）被人工解除锁定前，即使爬升装置有意外卡阻，爬升支撑装置也不应从支撑处（踏步或爬梯）脱出
	隐患：在顶升过程中未将顶升横梁防脱销插入防脱销孔内。 **危害：**导致顶升横梁下坠引发安全事故	**正确做法：**将顶升防脱销正确插入踏步防脱销孔内，并加强对安拆工的安全教育，讲明该安全装置的重要性	
			《塔式起重机》GB/T 5031—2019 第 5.6.10 条规定，起升与变幅滑轮的入绳和出绳切点附近、起升卷筒及动臂变幅卷筒均应设有钢丝绳防脱装置。第 5.4.1.7.2 条规定，卷筒两端均应有侧板，在达到最大设计许用容绳量时，侧板外缘高度超出缠绕钢丝绳外表面应不小于 2 倍钢丝绳直径
	隐患：钢丝绳卷筒防脱装置缺失。 **危害：**钢丝绳因缠绕不当越出卷筒外	**正确做法：**钢丝绳卷筒增设防脱装置	
			《塔式起重机》GB/T 5031—2019 第 5.6.8 条规定，小车轮应有轮缘或设有水平导向轮以防止小车脱离臂架。 《建筑施工安全检查标准》JGJ 59—2011 第 3.17.3 条规定，小车变幅的塔式起重机应安装断绳保护及断轴保护装置，并应符合规范要求
	隐患：变幅小车断轴保护装置缺失。 **危害：**当车轮轴断裂后小车坠落易发生物体打击和起重伤害	**正确做法：**小车轮应有轮缘或设有水平导向轮以防止小车脱离臂架	

五、塔式起重机金属结构安全隐患防治图解

类别	典型安全隐患问题	正确做法	依据
金属结构			《建筑施工塔式起重机安装、使用、拆卸安全技术规程》JGJ 196—2010 第 2.0.16 条规定，塔式起重机在安装前和使用过程中，发现有下列情况之一的，不得安装和使用：1. 结构件上有可见裂纹和严重锈蚀的；2. 主要受力构件存在塑性变形的；3. 连接件存在严重磨损和塑性变形的；4. 钢丝绳达到报废标准的；5. 安全装置不齐全或失效的
	隐患：塔身与钢筋干涉。 **危害：**磨损漆面与钢结构，容易锈蚀和影响钢结构强度	**正确做法：**将钢筋切割或弯曲并做有效防护	
			《建筑施工塔式起重机安装、使用、拆卸安全技术规程》JGJ 196—2010 第 2.0.16 条规定，塔式起重机在安装前和使用过程中，发现有下列情况之一的，不得安装和使用：1. 结构件上有可见裂纹和严重锈蚀的；2. 主要受力构件存在塑性变形的；3. 连接件存在严重磨损和塑性变形的；4. 钢丝绳达到报废标准的；5. 安全装置不齐全或失效的
	隐患：标准节锈蚀。 **危害：**锈蚀严重会影响结构强度	**正确做法：**将锈蚀部位打磨喷漆或更换同一厂家同一规格的标准节	
	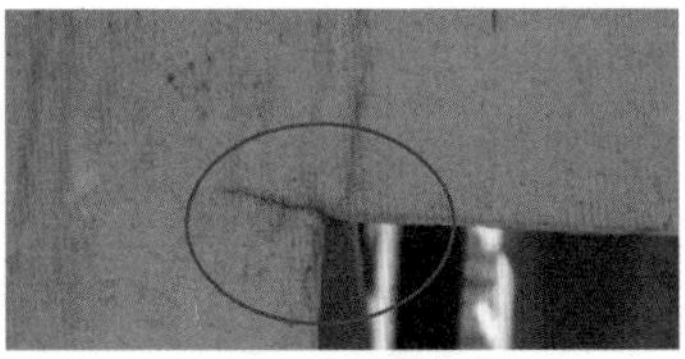	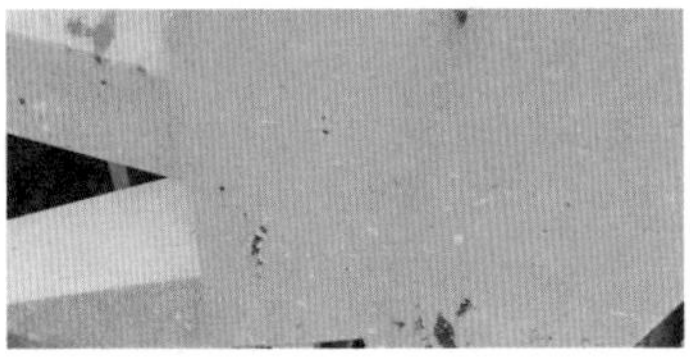	《塔式起重机安全技术规范》GB 5144—2006 第 4.7.3 条规定，塔式起重机的结构件及焊缝出现裂纹时，应根据受力和裂纹情况采取加强或重新施焊等措施，并在使用中定期观察其发展。对无法消除裂纹影响的应予以报废
	隐患：标准节开裂。 **危害：**开裂严重会使标准节断裂导致塔式起重机倾覆	**正确做法：**标准节报废退场，更换同一规格标准节	

续表

类别	典型安全隐患问题	正确做法	依据
金属结构	 **隐患：**开口销开口角度较小。 **危害：**不能起到可靠的销轴防脱作用	 **正确做法：**开口销应双边开口大于60°	《塔式起重机安装与拆卸规则》GB/T 26471—2011第7.3条规定，安装时，各部件之间的连接件和防松元件（如销轴、螺栓轴、轴端挡板、开口销、钢丝绳夹、钢丝绳楔形接头等）应齐备并连接可靠
	 **隐患：**立销用钢筋代替。 **危害：**钢筋脱落导致塔式起重机倾翻	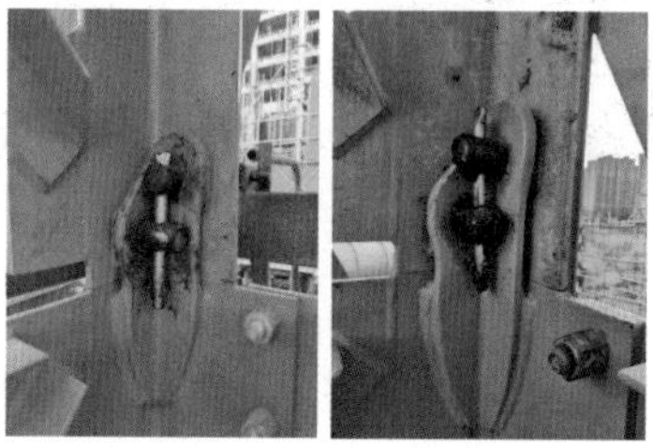 **正确做法：**更换为同一规格的销轴	《塔式起重机》GB/T 5031—2019第10.3.9.1条规定，只有经过制造商的正式书面许可，不同型号塔式起重机间的结构部件才可替换使用。替换结构部件后的新组合塔式起重机应重新进行测试并将替换的部件清单详细列入测试报告中
	 **隐患：**销轴外退。 **危害：**标准节连接不牢固，易造成塔式起重机倾覆	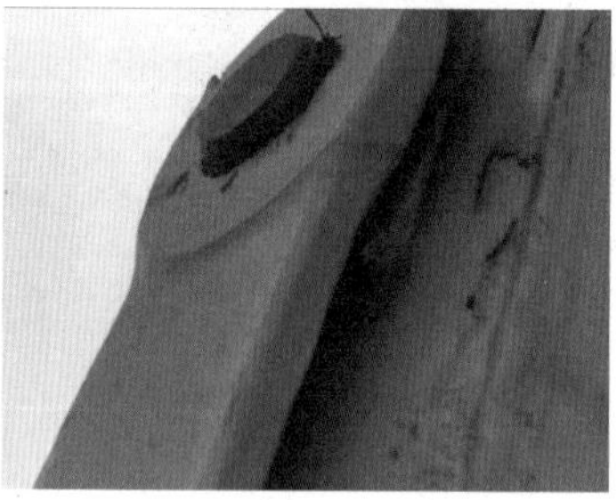 **正确做法：**查明问题所在，退出销轴做明显标记后将销轴打回正确位置，定期观测	《塔式起重机安装与拆卸规则》GB/T 26471—2011第7.3条规定，安装时，各部件之间的连接件和防松元件（如销轴、螺栓轴、轴端挡板、开口销、钢丝绳夹、钢丝绳楔形接头等）应齐备并连接可靠
	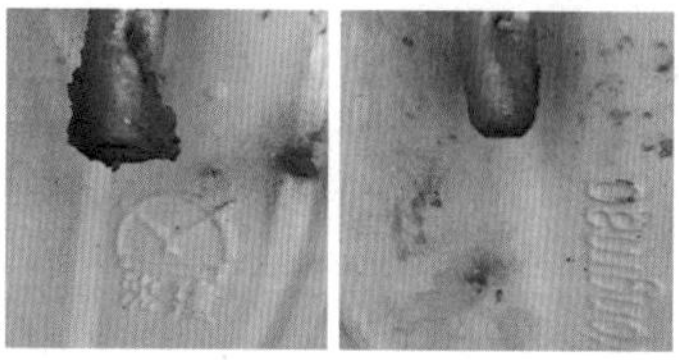 **隐患：**标准节混用。 **危害：**可能导致塔式起重机受力不均匀倒塌	 **正确做法：**更换为同一厂家同一规格的标准节	《塔式起重机》GB/T 5031—2019第5.3.3条规定，主要结构件（如臂架、塔顶、回转平台、回转支承座和标准节等）的加工应有必要的工艺装备，保证顺利装配

续表

类别	典型安全隐患问题	正确做法	依据
金属结构			《塔式起重机安装与拆卸规则》GB/T 26471—2011 第 7.3 条规定，安装时，各部件之间的连接件和防松元件（如销轴、螺栓轴、轴端挡板、开口销、钢丝绳夹、钢丝绳楔形接头等）应齐备并连接可靠
	隐患：塔式起重机标准节休息平台固定夹板缺失。 **危害：**可能导致休息平台脱落	**正确做法：**使用夹板并可靠连接	
			《建筑施工塔式起重机安装、使用、拆卸安全技术规程》JGJ 196—2019 第 2.0.16 条规定，塔式起重机在安装前和使用过程中，发现有下列情况之一的，不得安装和使用：1. 结构件上有可见裂纹和严重锈蚀的；2. 主要受力构件存在塑性变形的；3. 连接件存在严重磨损和塑性变形的；4. 钢丝绳达到报废标准的；5. 安全装置不齐全或失效的
	隐患：爬梯变形。 **危害：**不同规格爬梯混用，局部受力增大，导致爬梯断裂	**正确做法：**更换同一规格的合格爬梯	
			《塔式起重机安全技术规范》GB 5144—2006 第 5.4.5 条规定，卷筒和滑轮有下列情况之一的应予以报废：1. 裂纹或轮缘破损；2. 卷筒壁磨损量达原壁厚的 10%；3. 滑轮绳槽壁厚磨损量达原壁厚的 20%；4. 滑轮槽底的磨损量超过相应钢丝绳直径的 25%
	隐患：滑轮边缘破损。 **危害：**钢丝绳脱出滑轮与钢结构磨损或导致吊物下坠	**正确做法：**更换同一规格滑轮并定期检查	

续表

类别	典型安全隐患问题	正确做法	依据
金属结构	 **隐患：**起重臂斜腹杆局部变形。 **危害：**受力不匀导致局部拉断或开焊	 **正确做法：**由厂家专业人员进行维修并出具证明或更换原厂家同规格起重臂	《建筑施工塔式起重机安装、使用、拆卸安全技术规程》JGJ 196—2010 第 2.0.16 条规定，塔式起重机在安装前和使用过程中，发现有下列情况之一的，不得安装和使用：1. 结构件上有可见裂纹和严重锈蚀的；2. 主要受力构件存在塑性变形的；3. 连接件存在严重磨损和塑性变形的；4. 钢丝绳达到报废标准的；5. 安全装置不齐全或失效的
	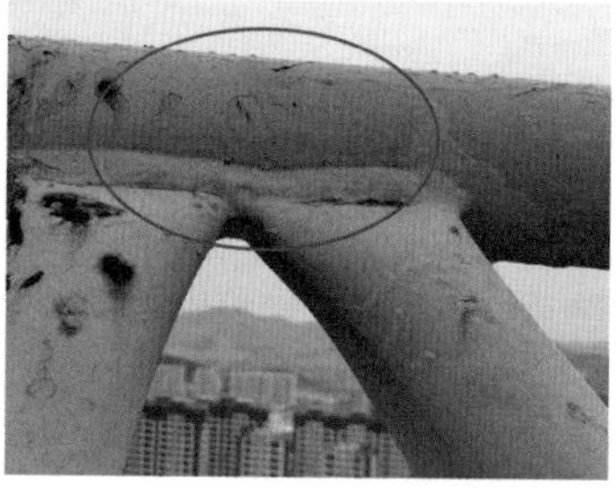 **隐患：**起重臂斜腹杆开焊。 **危害：**钢结构局部强度降低，应力集中	 **正确做法：**由原厂家专业人员修补焊缝、补漆，并出具证明或者更换标准件	《建筑施工塔式起重机安装、使用、拆卸安全技术规程》JGJ 196—2010 第 2.0.16 条规定，塔式起重机在安装前和使用过程中，发现有下列情况之一的，不得安装和使用：1. 结构件上有可见裂纹和严重锈蚀的；2. 主要受力构件存在塑性变形的；3. 连接件存在严重磨损和塑性变形的；4. 钢丝绳达到报废标准的；5. 安全装置不齐全或失效的
	 **隐患：**平衡重支撑销轴用螺栓代替。 **危害：**螺栓强度不够容易断裂导致配重块脱落	 **正确做法：**使用原厂配重销轴	《塔式起重机安装与拆卸规则》GB/T 26471—2011 第 7.3 条规定，安装时，各部件之间的连接件和防松元件（如销轴、螺栓轴、轴端挡板、开口销、钢丝绳夹、钢丝绳楔形接头等）应齐备并连接可靠。 《塔式起重机》GB/T 5031—2019 第 5.2.1.1 条规定，平衡重和压重应有与臂架组合长度相匹配的明确安装位置，且固定可靠，不移位

续表

<table>
<tr><th>类别</th><th>典型安全隐患问题</th><th>正确做法</th><th>依据</th></tr>
<tr><td rowspan="6">金属结构</td><td></td><td></td><td rowspan="2">《塔式起重机安装与拆卸规则》GB/T 26471—2011 第7.3条规定，安装时，各部件之间的连接件和防松元件（如销轴、螺栓轴、轴端挡板、开口销、钢丝绳夹、钢丝绳楔形接头等）应齐备并连接可靠</td></tr>
<tr><td>隐患：变幅小车滑轮螺母外退。
危害：小车运行晃动</td><td>正确做法：将螺母拧回标准位置</td></tr>
<tr><td></td><td></td><td rowspan="2">《建筑施工塔式起重机安装、使用、拆卸安全技术规程》JGJ 196—2010 第2.0.16条规定，塔式起重机在安装前和使用过程中，发现有下列情况之一的，不得安装和使用：1. 结构件上有可见裂纹和严重锈蚀的；2. 主要受力构件存在塑性变形的；3. 连接件存在严重磨损和塑性变形的；4. 钢丝绳达到报废标准的；5. 安全装置不齐全或失效的</td></tr>
<tr><td>隐患：附着拉杆变形。
危害：受力不均匀，容易造成塔式起重机倾覆</td><td>正确做法：更换合格附着拉杆并做好防护措施</td></tr>
<tr><td></td><td></td><td rowspan="2">《塔式起重机安装与拆卸规则》GB/T 26471—2011 第7.3条规定，安装时，各部件之间的连接件和防松元件（如销轴、螺栓轴、轴端挡板、开口销、钢丝绳夹、钢丝绳楔形接头等）应齐备并连接可靠</td></tr>
<tr><td>隐患：塔式起重机附着框螺栓松动。
危害：塔式起重机晃动时瞬间拉力容易拉脱附着框，造成塔式起重机倾覆</td><td>正确做法：将螺栓按规定拧紧并经常检查</td></tr>
</table>

六、塔式起重机基础安全隐患防治图解

类别	典型安全隐患问题	正确做法	依据
基础制作			《塔式起重机混凝土基础工程技术标准》JGJ/T 187—2019 第 5.2.4 条规定，预埋于基础中的塔式起重机基础节锚栓或预埋节，应符合塔式起重机使用说明书规定的构造及材质要求，并应有支盘式锚固措施。第 8.3.5 条规定，基础的尺寸允许偏差和检验方法应符合表 8.3.5 的规定
	隐患：夜间进行塔式起重机基础预埋。 **危害：**基础预埋件偏差值测量不准确	**正确做法：**塔式起重机基础预埋放置后测量	
			《施工现场临时用电安全技术规范》JGJ 46—2005 第 8.1.8 条规定，配电箱、开关箱应装设端正、牢固。固定式配电箱、开关箱的中心点与地面的垂直距离应为 1.4 ~ 1.6m。移动式配电箱、开关箱应装设在坚固、稳定的支架上。其中心点与地面的垂直距离宜为 0.8 ~ 1.6m
	隐患：塔式起重机专用电箱损坏，未做防护。 **危害：**发生触电危害	**正确做法：**使用专用电箱并上锁，做好防护	
		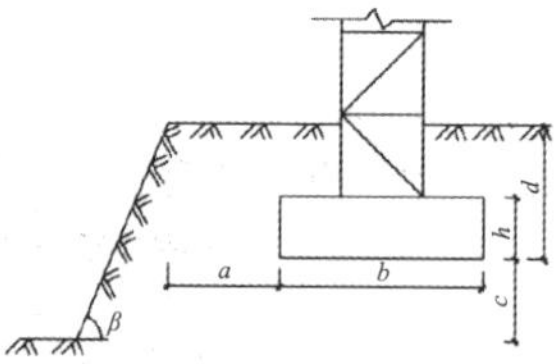 基础位于边坡的示意图 a—基础底面外边缘线至坡顶的水平距离（m）；b—垂直于坡顶边缘线的基础底面边长（m）；c—基础底面至坡（坑）底的竖向距离（m）；d—基础埋置深度（m）；β—边坡坡角（°）	《塔式起重机混凝土基础工程技术标准》JGJ/T 187—2019 第 4.3.1 条规定，当塔式起重机基础底标高接近稳定边坡坡底或基坑底部并符合下列要求之一时，可不进行地基稳定性验算：1. 基础底面外边缘线至坡顶的水平距离不小于 2.0m，基础底面至坡（坑）底的竖向距离不大于 1.0m，基底地基承载力特征值不小于 130kN/m²，且其下无软弱下卧层。2. 采用桩基础
	隐患：基础周边开挖。 **危害：**坍塌伤害，塔式起重机基础失稳，造成塔式起重机倾覆	**正确做法：**基础周边不允许开挖	

续表

类别	典型安全隐患问题	正确做法	依据
基础制作		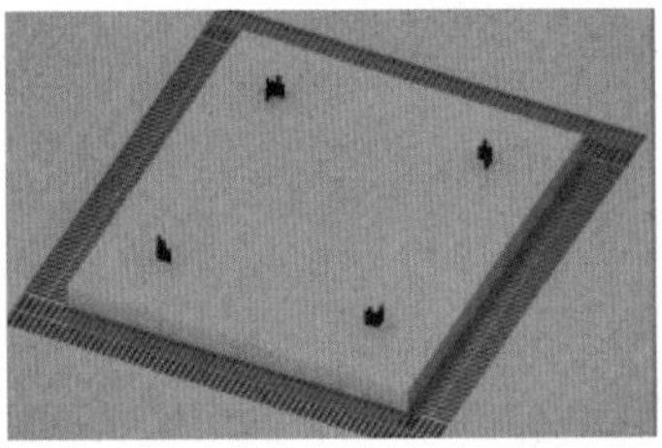	《建筑施工塔式起重机安装、使用、拆卸安全技术规程》JGJ 196—2010 第 3.1.2 条规定，塔式起重机的基础及其地基承载力应符合使用说明书和设计图纸的要求。安装前应对基础进行验收，合格后方可安装。基础周围应有排水设施
	隐患： 塔式起重机基础积水。 **危害：** 降低基础地基的承载能力、钢结构稳定性，造成基础不均匀沉降，严重时塔式起重机会倾覆	**正确做法：** 做好排水措施及防护并定期对基础进行检查、清理基础内杂物	
		 	《塔式起重机混凝土基础工程技术标准》JGJ/T 187—2019 第 8.1.4 条规定，基础混凝土施工中在基础顶面四角应进行沉降及位移观测，并应做原始记录，塔式起重机安装后应定期观测并记录，沉降量和倾斜率不应超过本标准第 4.2.4 条规定
	隐患： 基础不均匀沉降。 **危害：** 造成塔式起重机失衡、倾覆	**正确做法：** 确定观测点，做好原始记录，定期进行观测比对	

七、塔式起重机起升机构安全隐患防治图解

<table>
<tr><th>类别</th><th>典型安全隐患问题</th><th>正确做法</th><th>依据</th></tr>
<tr><td rowspan="6">起升机构</td><td></td><td></td><td rowspan="2">《建筑施工升降设备设施检验标准》JGJ 305—2013第8.2.5条规定，卷筒两侧边缘超过最外层钢丝绳的高度不应小于钢丝绳直径的2倍，卷筒上的钢丝绳排列应整齐有序</td></tr>
<tr><td>隐患：起升钢丝绳排列不整齐、乱绳、挤绳。
危害：挤压会造成钢丝绳断丝、断股、变形，甚至导致断绳</td><td>正确做法：检查钢丝绳磨损情况，重新盘绳，如有必要更换钢丝绳</td></tr>
<tr><td></td><td></td><td rowspan="2">《塔式起重机安全技术规范》GB 5144—2006第5.4.5条规定，卷筒和滑轮有下列情况之一的应予以报废：1. 裂纹或轮缘破损；2. 卷筒壁磨损量达原壁厚的10%；3. 滑轮绳槽壁厚磨损量达原壁厚的20%；4. 滑轮槽底的磨损量超过相应钢丝绳直径的25%</td></tr>
<tr><td>隐患：卷筒壁边缘破损，防脱绳失效。
危害：钢丝绳脱出卷筒导致吊钩坠落</td><td>正确做法：更换卷筒，检查并重新排列钢丝绳，如有必要更换钢丝绳</td></tr>
<tr><td>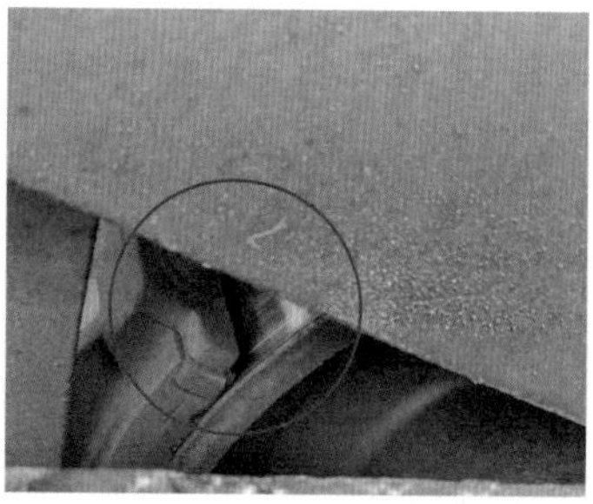</td><td></td><td rowspan="2">《塔式起重机安全规程》GB 5144—2006第5.5.3条规定，制动器零件有下列情况之一的应予以报废：1. 可见裂纹；2. 制动块摩擦衬垫磨损量达原厚度的50%；3. 制动轮表面磨损量达1.5～2.0mm；4. 弹簧出现塑性变形；5. 电磁铁杠杆系统空行程超过其额定行程的10%</td></tr>
<tr><td>隐患：起升机构刹车片磨损严重。
危害：导致刹车抱闸力度不够发生吊物下坠</td><td>正确做法：更换刹车片，定期检查刹车片厚度以及灵敏度</td></tr>
</table>

续表

类别	典型安全隐患问题	正确做法	依据
起升机构	 **隐患：**起升机构排绳轮损坏。 **危害：**导致起升钢丝乱绳，甚至导致钢丝绳与钢结构接触磨损	 **正确做法：**更换排绳轮并定期检查保养	《建筑机械使用安全技术规程》JGJ 33—2012 第 4.1.11 条规定，建筑起重机械的变幅限位器、起重力矩限制器、起重量限制器、防坠安全器、钢丝绳防脱装置、防脱钩装置以及各种行程限位开关等安全保护装置，必须齐全有效，严禁随意调整或拆除。严禁利用限制器和限位装置代替操纵机构
	 **隐患：**变速箱传动轴承齿轮损坏。 **危害：**导致卡齿，换挡困难，异响	 **正确做法：**更换变速箱传动轴承齿轮	《塔式起重机》GB/T 5031—2019 第 5.1.4 条规定，在空载、额定载荷、110% 额定载荷、125% 静载、连续作业试验中应满足：1. 控制装置操作灵活、动作准确；2. 各机构运转平稳、制动可靠；3. 紧固件连接无松动、销轴定位可靠，4. 结构、焊缝及关键零部件无损伤；5. 机构无泄漏、渗油面积不大于 1500mm^2，6. 机构温升、噪声在限定范围内
	 **隐患：**起升刹车鼓磨损严重。 **危害：**强行使用会产生刹车鼓断裂，导致吊物急速下坠	 **正确做法：**更换刹车鼓并调试	《塔式起重机安全规程》GB 5144—2006 第 5.5.3 条规定，制动器零件有下列情况之一的应予以报废：1. 可见裂纹；2. 制动块摩擦衬垫磨损量达原厚度的 50%；3. 制动轮表面磨损量达 1.5 ~ 2mm；4. 弹簧出现塑性变形；5. 电磁铁杠杆系统空行程超过其额定行程的 10%

续表

类别	典型安全隐患问题	正确做法	依据
起升机构	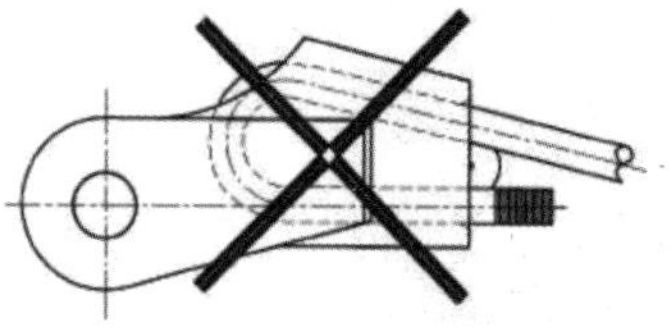 **隐患：**破绳器处楔形接头与钢丝绳连接错误。 **危害：**容易发生钢丝绳断裂事故，如吊重物易造成楔形套脱开	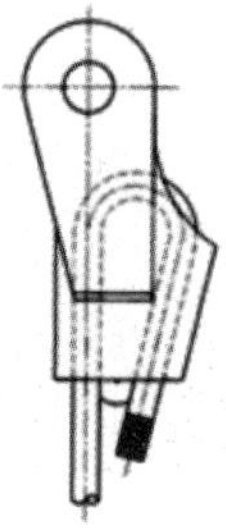  **正确做法：**按照正确方法连接	《塔式起重机安全规程》GB 5144—2006第5.2.3条规定，钢丝绳端部固接，用楔形接头固接时，楔与楔套应符合现行国家标准GB/T 5973中的规定。第5.2.4条规定，塔式起重机起升钢丝绳宜使用不旋转钢丝绳。未采用不旋转钢丝绳时，其绳端应设有防扭装置
	 **隐患：**破绳器处未安装钢丝绳防扭装置。 **危害：**采用旋转钢丝绳无防扭装置，极易导致钢丝绳被拉断，易造成吊运物料坠落事故	 **正确做法：**塔式起重机起升钢丝绳宜使用不旋转钢丝绳。未采用不旋转钢丝绳时，其绳端应设有防扭装置	《塔式起重机安全规程》GB 5144—2006第5.2.4条规定，塔式起重机起升钢丝绳宜使用不旋转钢丝绳。未采用不旋转钢丝绳时，其绳端应设有防扭装置
	 **隐患：**起重臂端部钢丝绳固定绳卡安装方向错误，且数量与钢丝绳直径不匹配。 **危害：**极易造成起重臂端部钢丝绳脱落，发生事故	 **正确做法：**按照规范要求安装绳夹，依据绳径配置绳卡，且钢丝绳末端留有安全弧	《塔式起重机安全规程》GB 5144—2006第5.2.3条规定，钢丝绳端部固接，用钢丝绳夹固接时，应符合国家标准GB/T 5976中的规定，固接强度不应小于钢丝绳破断拉力的85%。 《建筑施工塔式起重机安装、使用、拆卸安全技术规程》JGJ 196—2010第6.2.4条规定，钢丝绳夹压板应在钢丝绳受力绳一边，绳夹间距不应小于钢丝绳直径的6倍

续表

类别	典型安全隐患问题	正确做法	依据
起升机构	 **隐患：**起重臂破绳器处钢丝绳断丝。 **危害：**易造成起重钢丝绳断裂	 **正确做法：**钢丝绳应符合相关标准且未达报废标准	《塔式起重机安全规程》GB 5144—2006 第 5.2.2 条规定，钢丝绳的安装、维护、保养、检验及报废应符合现行国家标准 GB/T 5972 的有关规定
	 **隐患：**破绳器损坏。 **危害：**导致钢丝绳连同吊钩掉落	 **正确做法：**更换完好的破绳器	《塔式起重机安全规程》GB 5144—2006 第 5.2.3 条规定，钢丝绳端部固接，用楔形接头固接时，楔与楔套应符合现行国家标准 GB/T 5973 中的规定。第 5.2.4 条规定，塔式起重机起升钢丝绳宜使用不旋转钢丝绳。未采用不旋转钢丝绳时，其绳端应设有防扭装置

八、塔式起重机变幅机构安全隐患防治图解

类别	典型安全隐患问题	正确做法	依据
变幅机构	 **隐患：**变幅小车滑轮防跳槽装置缺失。 **危害：**钢丝绳从轮槽脱出，挤压导致断绳，易导致事故发生	 **正确做法：**每个滑轮处必须设置钢丝绳防跳槽装置	《建筑机械使用安全技术规程》JGJ 33—2012 第 4.1.11 条规定，建筑起重机械的变幅限位器、起重力矩限制器、起重量限制器、防坠安全器、钢丝绳防脱装置、防脱钩装置以及各种行程限位开关等安全保护装置，必须齐全有效，严禁随意调整或拆除
	 **隐患：**变幅小车防碰撞缓冲装置损坏。 **危害：**无缓冲装置，变幅小车直接碰撞止挡装置易损坏	 **正确做法：**按照规范要求使用合格且符合实际的产品，使用止挡装置安全有效的且带有防断轴保险的变幅小车装置	《塔式起重机 安装与拆卸规则》GB/T 26471—2011 第 7.3 条规定，安装时，各部件之间的连接件和防松元件（如销轴、螺栓轴、轴端挡板、开口销、钢丝绳夹、钢丝绳楔形接头等）应齐备并连接可靠
	 **隐患：**滑轮油污过多。 **危害：**长时间不清理滑轮防脱绳油污，极易导致机构运行的堵塞，长期可导致滑轮受损，防脱绳装置断裂，钢丝绳跳槽	 **正确做法：**日常检查中仔细观察，油污及时清理，确保机构运转的流畅	《塔式起重机安全规程》GB 5144—2006 第 5.4.5 条规定，卷筒和滑轮有下列情况之一的应予以报废：1. 裂纹或轮缘破损；2. 卷筒壁磨损量达原壁厚的 10%；3. 滑轮绳槽壁厚磨损量达原壁厚的 20%；4. 滑轮槽底的磨损量超过相应钢丝绳直径的 25%

续表

类别	典型安全隐患问题	正确做法	依据
变幅机构	 **隐患：**塔式起重机变幅小车检修挂篮固定螺栓松动。 **危害：**检修小车连接不牢靠，极易导致检修小车坠落事故	 **正确做法：**检修小车各部位连接应牢固可靠，螺栓连接必须紧固至合格范围；或者使用与变幅小车连接牢靠的检修小车	《塔式起重机 安装与拆卸规则》GB/T 26471—2011 第7.3条规定，安装时，各部件之间的连接件和防松元件（如销轴、螺栓轴、轴端挡板、开口销、钢丝绳夹、钢丝绳楔形接头等）应齐备并连接可靠
	 **隐患：**变幅钢丝绳断丝。 **危害：**断丝、变形易发生钢丝绳断绳事故	 **正确做法：**安装完成使用前仔细检查，合格再使用，使用过程中一经发现及时停止作业及时更换。定期做好润滑保养	《塔式起重机安全规程》GB 5144—2006 第5.2.2条规定，钢丝绳的安装、维护、保养、检验及报废应符合现行国家标准GB/T 5972的有关规定。 《起重机 钢丝绳 保养、维护、检验和报废》GB/T 5972—2016 第6章报废基准
	 **隐患：**滑轮损坏。 **危害：**钢丝绳滑轮损坏，易使钢丝绳跳槽，导致断绳	 **正确做法：**更换完好滑轮	《塔式起重机安全规程》GB 5144—2006 第5.4.5条规定，卷筒和滑轮有下列情况之一的应予以报废：1. 裂纹或轮缘破损；2. 卷筒壁磨损量达原壁厚的10%；3. 滑轮绳槽壁厚磨损量达原壁厚的20%；4. 滑轮槽底的磨损量超过相应钢丝绳直径的25%
	 **隐患：**变幅钢丝绳缺少润滑。 **危害：**润滑缺失，易造成钢丝绳出现锈蚀、断丝现象，导致断绳	 **正确做法：**使用正确标号的润滑油对钢丝绳进行定期润滑保养，确保其稳定性	《起重机械 检查与维护规程 第3部分：塔式起重机》GB/T 31052.3—2016 第6.1.2.1条规定，塔式起重机应由专业维护人员进行定期维护。定期维护包括周、月、季、年、移装、停用维护、停用后的复工维护

九、塔式起重机回转机构安全隐患防治图解

类别	典型安全隐患问题	正确做法	依据
回转机构			《起重机械 检查与维护规程 》GB/T 31052.3—2016 第 6.1.2.1 条规定，塔式起重机应由专业维护人员进行定期维护。定期维护包括周、月、季、年、移装、停用维护、停用后的复工维护
	隐患：回转机构润滑不足。 **危害：**润滑不足的回转机构，长期运行会导致回转机构磨损严重，运行时会出现颤抖以及异常响声	**正确做法：**在回转机构注油孔加注专用润滑油，保证回转机构的润滑良好；并每半月检查一次确认润滑油量是否充足	
			《塔式起重机 安装与拆卸规则 》GB/T 26471—2011 第 7.3 条规定，安装时，各部件之间的连接件和防松元件（如销轴、螺栓轴、轴端挡板、开口销、钢丝绳夹、钢丝绳楔形接头等）应齐备并连接可靠
	隐患：塔式起重机回转过渡节上平台固定销轴开口销变形。 **危害：**导致销轴脱出，平台失稳，使作业人员发生高处坠落事故	**正确做法：**更换合格有效的开口销进行固定	
			《塔式起重机》GB/T 5031—2019 第 5.5.2.6 条规定，沿塔身垂直悬挂的电缆应使用电缆网套或其他装置悬挂，其挂点数量应根据电缆的规格、型号、长度及塔式起重机工作环境确定，保证电缆在工作环境中不被损坏
	隐患：塔式起重机回转处主电缆无防护措施。 **危害：**电缆无防护措施，在塔式起重机长期运行工作中未做防护处理，极易导致主电缆磨损开裂，如在工作中断电极易导致事故发生	**正确做法：**对回转处主电缆进行绝缘防护处理，避免对电缆造成磨损	

续表

<table>
<tr><th>类别</th><th>典型安全隐患问题</th><th>正确做法</th><th>依据</th></tr>
<tr><td rowspan="4">回转机构</td><td></td><td></td><td rowspan="2">《塔式起重机》GB/T 5031—2019 第 5.4.1.4.1 条规定，制动弹簧的可靠性应适合制动器预期寿命与预期制动次数的要求</td></tr>
<tr><td>隐患：回转制动器制动过度磨损，导致回转电机损坏。
危害：制动器过度磨损，回转电机损坏，制动器未处于工作状态，塔式起重机吊运物料极易出现事故</td><td>正确做法：更换合格可靠的回转制动器，回转电机</td></tr>
<tr><td></td><td></td><td rowspan="2">《起重机械安全规程　第1部分：总则》GB 6067.1—2010 第 18.3.1.2 条规定，所有需要润滑的运动零件或器件应定期进行润滑</td></tr>
<tr><td>隐患：回转齿圈缺少润滑保养。
危害：会使齿圈干涩磨损，减少使用寿命</td><td>正确做法：设备定期加油维护保养</td></tr>
</table>

十、塔式起重机顶升机构安全隐患防治图解

类别	典型安全隐患问题	正确做法	依据
顶升机构	 **隐患：**液压油缸裸露。 **危害：**缸体易发生锈蚀	 **正确做法：**裸露部分应做防锈处理	《塔式起重机》GB/T 5031—2019 第 5.2.6.2 条规定，外露并需拆卸的销轴、螺栓、链条等连接件及弹簧、液压缸活塞杆等应采取非涂装的防锈措施
	 **隐患：**顶升作业平台固定销轴缺失。 **危害：**顶升作业平台脱落，发生高空坠物、物体打击等伤害	 **正确做法：**定期检查，及时补齐	《建筑施工塔式起重机安装、使用、拆卸安全技术规程》JGJ 196—2010 第 3.4.13 条规定，连接件及其防松防脱件严禁用其他代用品代用
	 **隐患：**顶升踏步变形。 **危害：**顶升时顶升横梁从踏步里滑出造成塔式起重机倾覆	 **正确做法：**进场时加强验收，每次顶升操作时严格按照操作规程施工	《塔式起重机安全规程》GB 5144—2006 第 10.1.2 条规定，塔式起重机在安装、增加塔身标准节之前应对结构件和高强度螺栓进行检查，若发现下列问题应修复或更换后方可进行安装：1. 目视可见的结构件裂纹及焊缝裂纹；2. 连接件的轴、孔严重磨损；3. 结构件母材严重锈蚀；4. 结构件整体或局部塑性变形，销孔塑性变形

续表

类别	典型安全隐患问题	正确做法	依据
顶升机构	 **隐患：**平衡阀或液压锁与液压缸之间用软管连接。 **危害：**顶升过程中爆管，导致套架快速下滑发生安全事故	 **正确做法：**平衡阀或液压锁与液压缸之间改用铜管连接	《塔式起重机安全规程》GB 5144—2006 第 9.1 条规定，液压系统应有防止过载和液压冲击的安全装置。安全溢流阀的调定压力不应大于系统额定工作压力的 110%，系统的额定工作压力不应大于液压泵的额定压力。第 9.2 条规定，顶升液压缸应具有可靠的平衡阀或液压锁，平衡阀或液压锁与液压缸之间不应用软管连接
	 **隐患：**顶升套架主弦断裂。 **危害：**易造成塔式起重机倾覆	 **正确做法：**若主弦断裂应予以报废处理，更换原厂配件	《塔式起重机安全规程》GB 5144—2006 第 10.1.2 条规定，塔式起重机在安装、增加塔身标准节之前应对结构件和高强度螺栓进行检查，若发现下列问题应修复或更换后方可进行安装：1. 目视可见的结构件裂纹及焊缝裂纹；2. 连接件的轴、孔严重磨损；3. 结构件母材严重锈蚀；4. 结构件整体或局部塑性变形，销孔塑性变形
	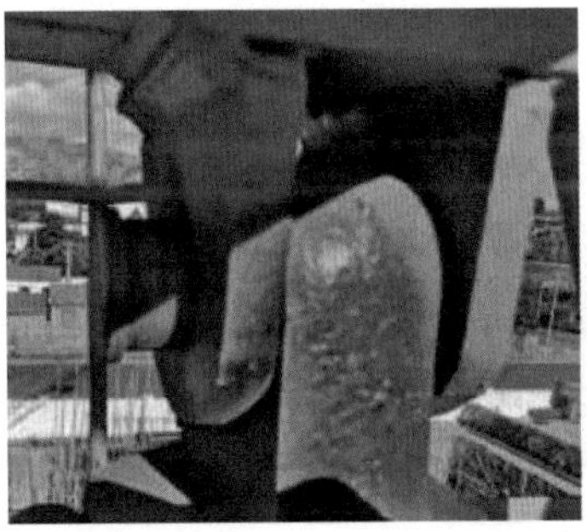 **隐患：**顶升油缸上端连接销轴开口销未安装，销轴退出。 **危害：**在顶升作业时，固定销轴滑落，造成框架坠落，造成塔式起重机倾覆，危及操作人员生命安全	 **正确做法：**将销轴按照规定要求插入连接处，用规定开口销将销轴固定	《塔式起重机》GB/T 5031—2019 第 5.3.2.3 条规定，销轴连接应有可靠的轴向定位，并符合现行国家标准 GB 5144 的要求

续表

类别	典型安全隐患问题	正确做法	依据
顶升机构			《塔式起重机》GB/T 5031—2019 第 5.3.2.3 条规定，销轴连接应有可靠的轴向定位，并符合现行国家标准 GB 5144 的要求
	隐患：顶升横梁和油缸连接销轴未用止退板固定。 **危害：**未用止退板固定，在塔式起重机运转过程中致使销轴脱落，顶升时造成油缸偏位，致使油缸断裂，造成框架脱落	**正确做法：**将销轴按照规定要求插入连接处，用止退板将其固定	
			《建筑施工塔式起重机安装、使用、拆卸安全技术规程》JGJ 196—2010 第 3.4.6 条规定，自升式塔式起重机的顶升加节，顶升系统必须完好、结构件必须完好
	隐患：顶升套架的导向轮缺失。 **危害：**在顶升时易发生塔式起重机倾覆事故	**正确做法：**出厂或安装、顶升作业前应检查，确保无误后方可安装顶升作业	
	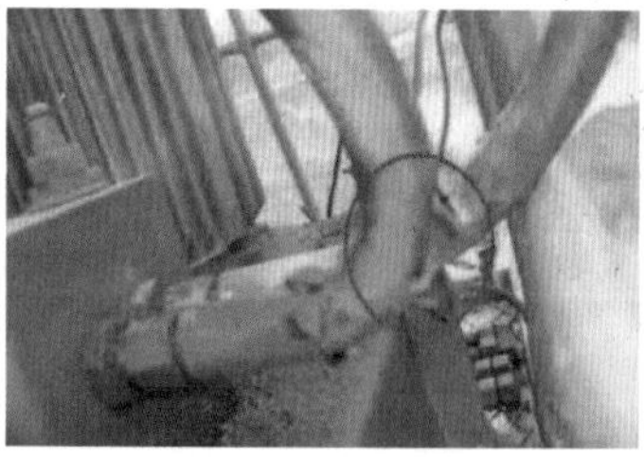	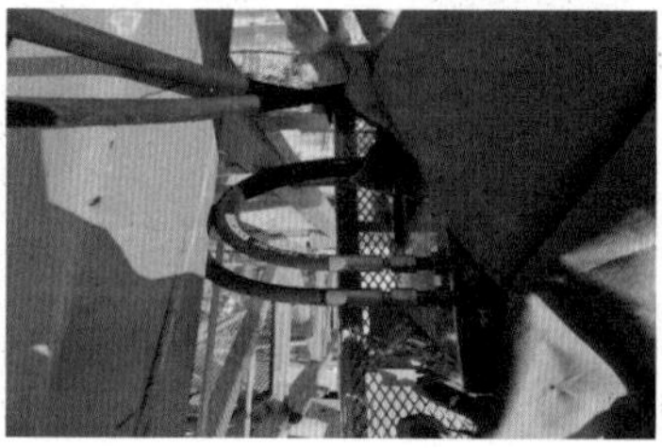	《塔式起重机 安装与拆卸规则》GB/T 26471—2011 第 6.3.2.2 条规定，采用液压顶升的塔式起重机，其液压系统的安全装置应工作正常，平衡阀或液压锁与顶升液压缸之间的连接不得有任何泄漏
	隐患：液压输油管破损。 **危害：**输油管破损，液压油易泄漏，造成顶升力不足	**正确做法：**顶升作业前如发现油管存在裂缝，应对其进行及时更换后，方可进行顶升作业	

续表

类别	典型安全隐患问题	正确做法	依据
顶升机构			《建筑施工塔式起重机安装、使用、拆卸安全技术规程》JGJ 196—2010 第 3.4.6 条规定，自升式塔式起重机的顶升加节，顶升前，应确保顶升横梁搁置正确
	隐患：顶升横梁未落入踏步，固定不到位。 **危害：**塔式起重机在工作中，发生碰撞、摩擦	**正确做法：**顶升横梁固定到位，防止摆动磨损	
			《建筑施工塔式起重机安装、使用、拆卸安全技术规程》JGJ 196—2010 第 3.4.13 条规定，连接件及其防松防脱件严禁用其他代用品代用
	隐患：引进平台悬挑梁根部固定采用铁丝固定。 **危害：**一旦铁丝承受不了其拉力发生断裂，而此时标准节正好在引进平台上，易发生标准节高处坠落	**正确做法：**正确使用连接件进行连接	

十一、塔式起重机驾驶室安全隐患防治图解

类别	典型安全隐患问题	正确做法	依据
驾驶室	 **隐患：**司机室玻璃遮挡。 **危害：**四周视线被遮挡，对周围的环境了解很少，群塔施工区域，已造成塔式起重机安全事故	 **正确做法：**司机室四周玻璃需无遮挡，这样才能保证司机对周围环境的了解，才有利于安全施工	《塔式起重机安全规程》GB 5144—2006 第 4.6.1 条规定，如司机室安装在回转塔身结构内，则应保证司机的视野开阔
	 **隐患：**司机室私拉乱接。 **危害：**司机室操作人员私拉乱接，线路老化易导致触电事故或者引起火灾	 **正确做法：**司机室私拉拖线板已清理。接用线为塔式起重机自身监控所用。司机室、配电箱、开关箱不得随意接线使用	《施工现场临时用电安全技术规范》JGJ 46—2005 第 8.3.9 条规定，配电箱、开关箱内不得随意挂接其他用电设备
	 **隐患：**司机室灭火器失效。 **危害：**塔式起重机操作室灭火器失效，如司机抽烟引起火灾，无灭火器会引发重大安全事故	 **正确做法：**更换在有效期内的合格灭火器	《塔式起重机安全规程》GB 5144—2006 第 4.6.4 条规定，司机室内应配备符合消防要求的灭火器

续表

类别	典型安全隐患问题	正确做法	依据
驾驶室	 **隐患：**司机室平台护栏连接夹板使用铁丝代替。 **危害：**铁丝锈蚀极易出现断裂，引发高处坠落	 **正确做法：**使用原厂连接夹板	《塔式起重机　安装与拆卸规则》GB/T 26471—2011 第7.3 条规定，安装时，各部件之间的连接件和防松元件（如销轴、螺栓轴、轴端挡板、开口销、钢丝绳夹、钢丝绳楔形接头等）应齐备并连接可靠
	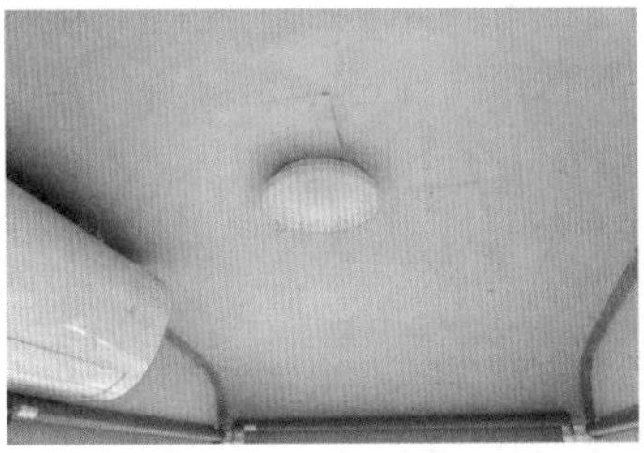 **隐患：**驾驶室照明损坏。 **危害：**照明灯损坏导致光线不足视线受到影响监控不到位	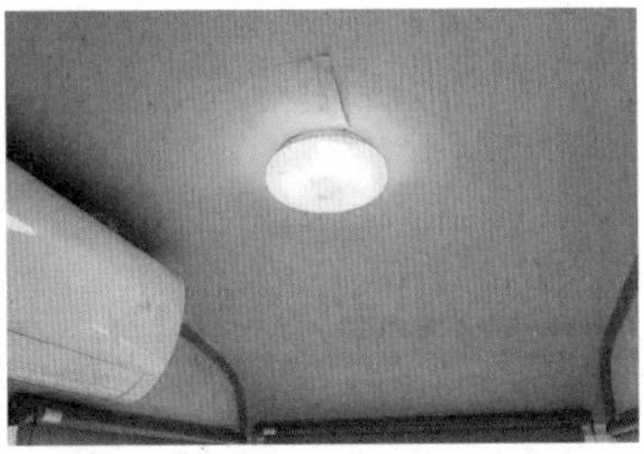 **正确做法：**照明系统损坏应及时更换或修复，作业区域应有足够明亮的照明	《塔式起重机安全规程》GB 5144—2006 第 8.4.3 条规定，司机室内照明照度不应低于 30lx
	 **隐患：**司机室内性能标识牌缺失。 **危害：**司机不熟悉塔式起重机性能，操作失误，造成事故	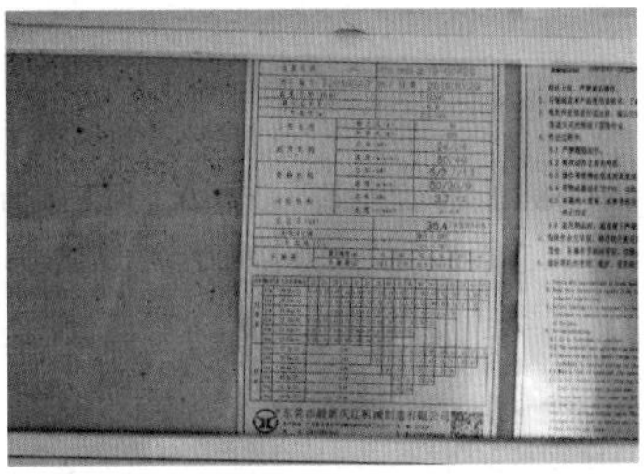 **正确做法：**司机室内标志牌应悬挂于清晰、醒目的地方	《塔式起重机安全规程》GB 5144—2006 第 3.5 条规定，在塔身底部易于观察的位置应固定产品标牌。在塔式起重机司机室内易于观察的位置应设有常用操作数据的标牌或显示屏。标牌或显示屏的内容应包括幅度载荷表、主要性能参数、各起升速度挡位的起重量等。标牌或显示屏应牢固、可靠，字迹清晰、醒目
	 **隐患：**司机室易燃材料过多。 **危害：**易发生火灾	 **正确做法：**司机室应当保持干净整洁，严禁堆积易燃材料	《塔式起重机安全规程》GB 5144—2006 第 4.6.6 条规定，司机室应通风、保暖和防雨；内壁应采用防火材料，地板应铺设绝缘层

续表

类别	典型安全隐患问题	正确做法	依据
驾驶室	 **隐患：** 驾驶室底部固定销轴未插开口销。 **危害：** 驾驶室容易坠落，造成人员伤亡	 **正确做法：** 驾驶室底部固定销轴插开口销，并使用大小匹配的开口销	《建筑施工塔式起重机安装、使用、拆卸安全技术规程》JGJ 196—2010 第 3.4.13 条规定，连接件及其防松防脱件严禁用其他代用品代用。连接件及其防松防脱件应使用力矩扳手或专用工具紧固连接螺栓
	 **隐患：** 塔式起重机司机室安全锁止装置失效。 **危害：** 下雨天雨水进入司机室，导致电气设备损坏	 **正确做法：** 及时维修更换	《塔式起重机安全规程》GB 5144—2006 第 4.6.3 条规定，可移动的司机室应设有安全锁止装置
	 **隐患：** 塔式起重机司机室内无操作维修的使用说明书。 **危害：** 当塔式起重机出现故障时司机没有参考依据，司机自行维修可能会加大塔式起重机故障	 **正确做法：** 每台作业的塔式起重机司机室内放置一份有关操作维修内容的使用说明书	《塔式起重机安全规程》GB 5144—2006 第 11.2 条规定，每台作业的塔式起重机司机室内应备有一份有关操作维修内容的使用说明书

十二、塔式起重机电气系统安全隐患防治图解

<table>
<tr><th>类别</th><th>典型安全隐患问题</th><th>正确做法</th><th>依据</th></tr>
<tr><td rowspan="3">电气系统</td><td> 隐患：电缆线破损。
危害：电缆线破损导致雨水进入烧毁电气</td><td> 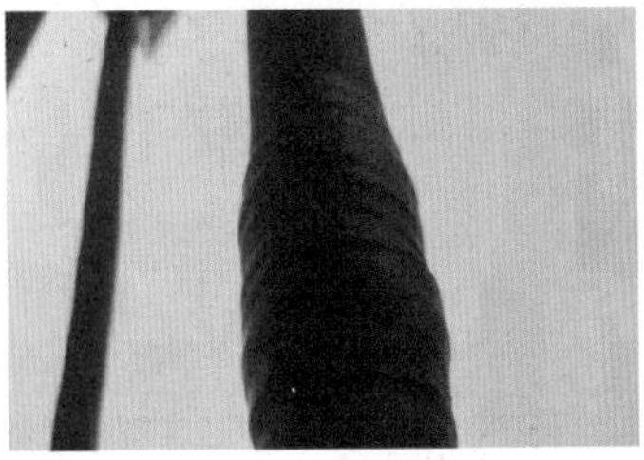正确做法：对破损位置进行绝缘包扎，如有必要需要更换电缆线</td><td>《塔式起重机安全规程》GB 5144—2006 第 8.5.2 条规定，电线若敷设于金属管中，则金属管应经防腐处理。如用金属线槽或金属软管代替，应有良好的防雨及防腐措施</td></tr>
<tr><td> 隐患：塔式起重机控制箱相序保护器短接。
危害：不能完整保护用电器，从而导致事故发生或用电设备损坏影响安全施工</td><td> 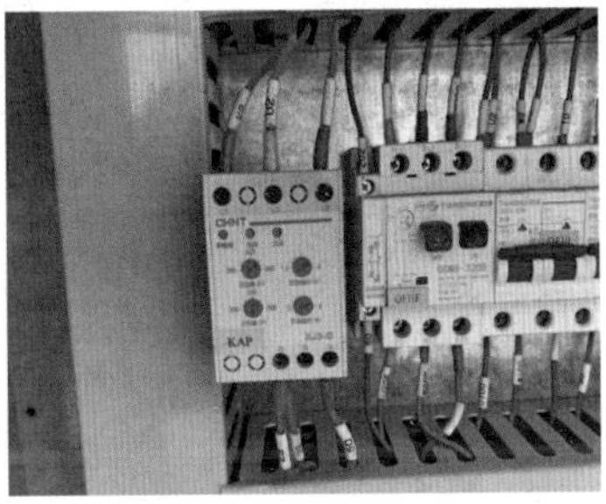正确做法：在控制回路接入相序保护器时，正确接线，保证相序无误</td><td>《塔式起重机》GB/T 5031—2019 第 5.5.5.3 条规定，电源电路中应设有错相与缺相保护装置</td></tr>
<tr><td> 接触不良
导线短路
隐患：配电箱接触器断电开关导线短路。
危害：塔式起重机无法运转，导线漏电伤人</td><td> 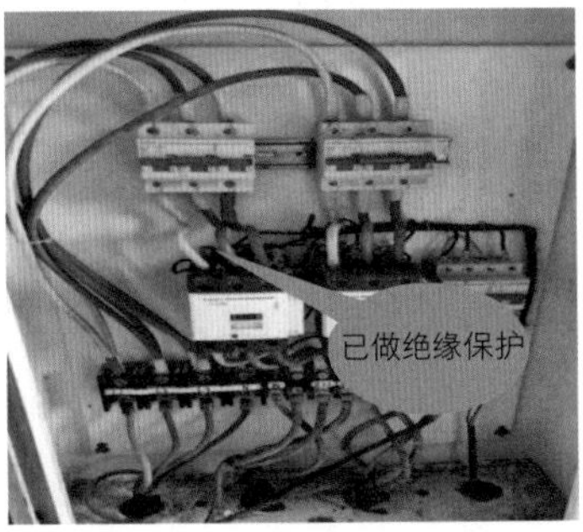已做绝缘保护
正确做法：连接好导线螺钉，导线做好绝缘保护装置以免漏电伤人</td><td>《建筑机械使用安全技术规程》JGJ 33—2012 第 3.1.8 条规定，电气设备的额定工作电压应与电源电压等级相符。第 3.1.9 条规定，电气装置遇跳闸时，不得强行合闸。应查明原因，排除故障后再进行合闸</td></tr>
</table>

续表

类别	典型安全隐患问题	正确做法	依据
电气系统	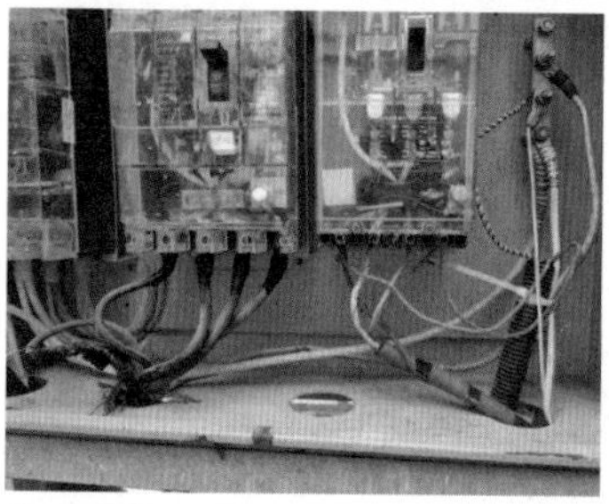 **隐患：**三级电箱一闸多机。 **危害：**设备运行过程中，导致出现突然断电，造成突发意外事故	 **正确做法：**施工现场及户外临时用电，应满足“三级配电、二级漏电保护、一机一闸、一漏一箱”配电及保护的使用要求	《施工现场临时用电安全技术规范》JGJ 46—2005 第 8.1.3 条规定，每台用电设备必须有各自专用的开关箱，严禁用同一个开关箱直接控制 2 台及 2 台以上用电设备（含插座）
	 **隐患：**司机室电器柜无电气原理图。 **危害：**无法及时查找电气出现的问题，耽误设备抢修时间，影响现场生产	 **正确做法：**电器柜内应当放置电气原理图，并保证电气原理图的正确完整，确保在出现电气问题时，根据电气原理图及时查找解决问题	《塔式起重机安全规程》GB 5144—2006 第 8.1.6 条规定，电气柜（配电箱）应有门锁。门内应有原理图或布线图、操作指示等，门外应有警示标志

十三、塔式起重机进场验收安全隐患防治图解

类别	典型安全隐患问题	正确做法	依据
进场验收	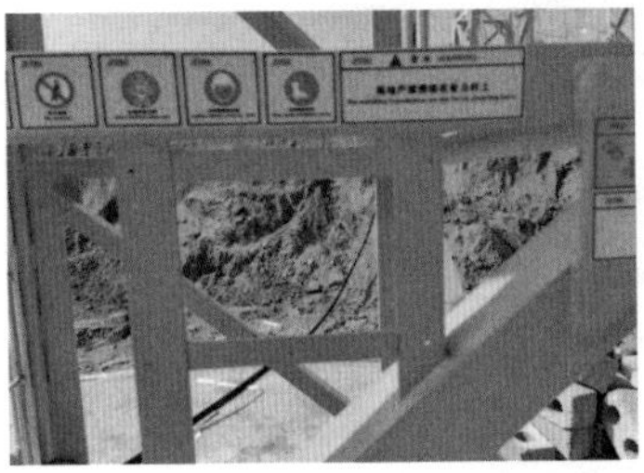 **隐患：** 标准节无编码，不能判断标准节是否为合格产品	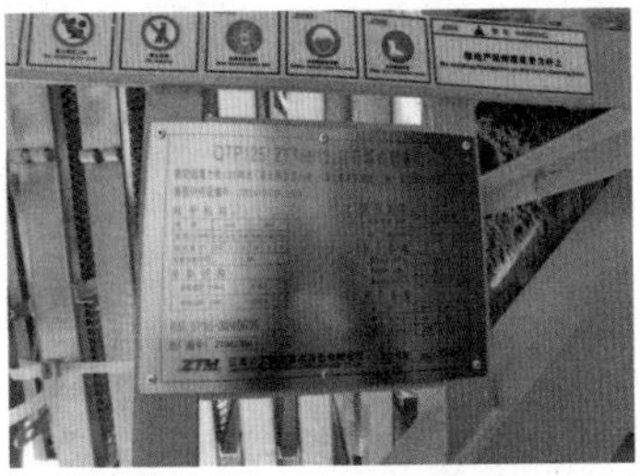 **正确做法：** 标准节有编码可追溯，有整机出厂报告	《塔式起重机安全规程》GB 5144—2006 第 4.8 条规定，塔式起重机的塔身标准节、起重臂节、拉杆、塔帽等结构件应具有可追溯出厂日期的永久性标志
	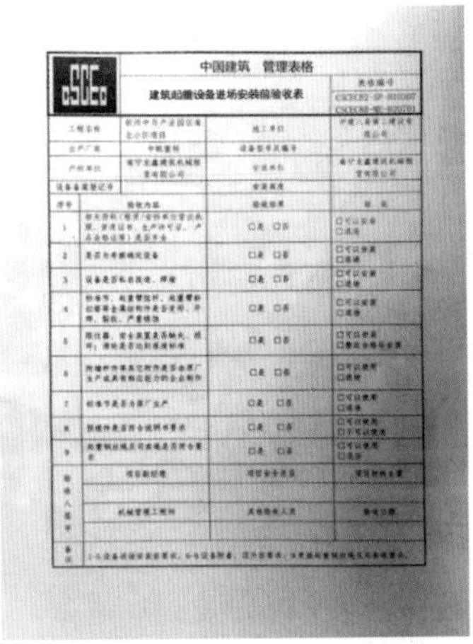 中国建筑 管理表格 建筑起重设备进场安装前验收表 **隐患：** 设备进场未组织相关人员验收并签写设备进场验收表。 **危害：** 未存有纸质版的验收资料，易导致后期出现各种故障及安全事故未有明确的责任划分	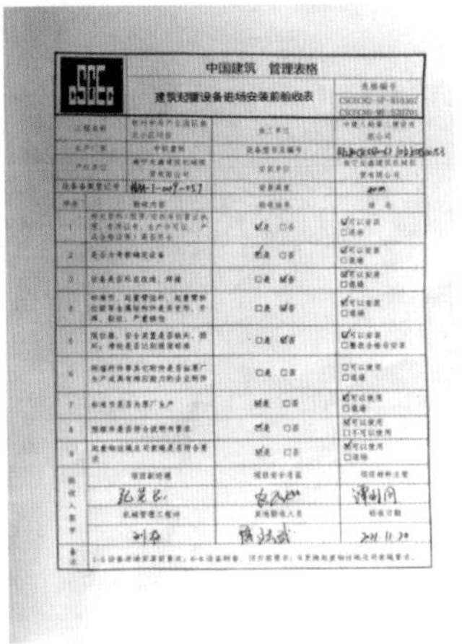 中国建筑 管理表格 建筑起重设备进场安装前验收表 **正确做法：** 组织相关人员参照说明书对设备进行进场验收，并留有相关资料	《建筑施工塔式起重机安装、使用、拆卸安全技术规程》JGJ 196—2010 第 3.1.1 条规定，塔式起重机安装前，必须经维修保养，并进行全面的检查，确认合格后方可安装

十四、塔式起重机吊索具安全隐患防治图解

类别	典型安全隐患问题	正确做法	依据
吊索具	 **隐患：**吊钩挂绳处截面磨损量超过原高度的10%。 **危害：**易发生吊钩断裂导致吊物坠落，危及现场人员安全	 **正确做法：**更换新吊钩，加强日常检查	《塔式起重机安全规程》GB 5144—2006 第 5.3.2 条规定，吊钩禁止补焊，有下列情况之一的应予以报废：1. 用 20 倍放大镜观察表面有裂纹；2. 钩尾和螺纹部分等危险截面及钩筋有永久性变形；3. 挂绳处截面磨损量超过原高度的 10%；4. 心轴磨损量超过其直径的 5%；5. 开口度比原尺寸增加 15%
	 **隐患：**防脱棘爪装置失效。 **危害：**吊装钢丝绳容易脱落，导致吊物坠落	 **正确做法：**更换吊钩或维修防脱装置	《塔式起重机》GB/T 5031—2019 第 5.4.2.3 条规定，吊钩应设有防止吊索或吊具非人为脱出的装置
	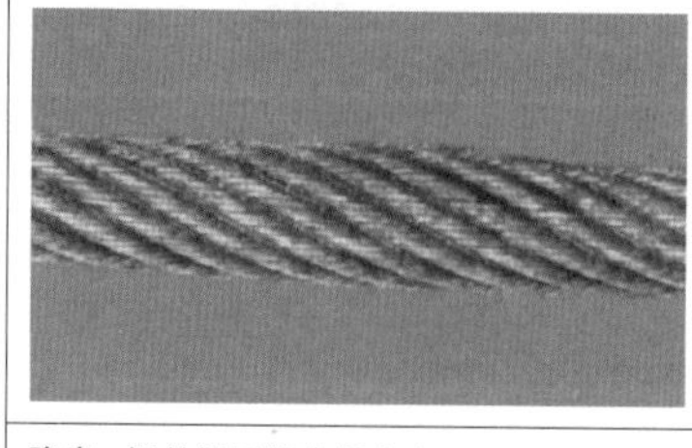 **隐患：**钢丝绳局部直径变大。 **危害：**会使外层绳股受力不均衡而不能保持正确的旋转，降低使用寿命	 **正确做法：**钢芯钢丝绳直径增大 5% 及以上，纤维芯钢丝绳直径增大 10% 以上，应立即报废	《起重机 钢丝绳 保养、维护、检验和报废》GB/T 5972—2016 第 6.6.6 条规定，钢芯钢丝绳直径增大 5% 及以上，纤维芯钢丝绳直径增大 10% 及以上，应查明其原因并考虑报废钢丝绳

续表

<table>
<tr><th>类别</th><th>典型安全隐患问题</th><th>正确做法</th><th>依据</th></tr>
<tr><td rowspan="6">吊索具</td><td></td><td></td><td rowspan="2">《起重机 钢丝绳 保养、维护、检验和报废》GB/T 5972—2016 第 6.2.1 条表 2</td></tr>
<tr><td>隐患：钢丝绳表面断丝。
危害：钢丝绳拉力降低，导致钢丝绳断裂吊物坠落</td><td>正确做法：发生表面断丝的钢丝绳应加强观察，一个捻距内两处断丝或 10% 断丝，报废</td></tr>
<tr><td>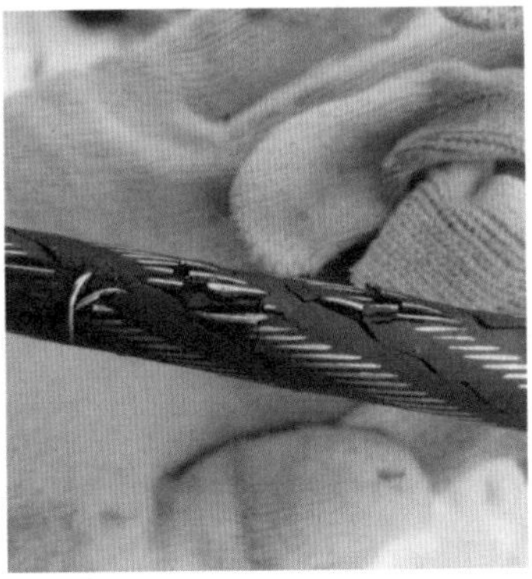</td><td>
<table>
<tr><td>产品名称</td><td colspan="3">钢丝绳</td><td>捻法</td><td>SZ</td></tr>
<tr><td>产品结构</td><td>6×37M-FC</td><td>规格</td><td>19.5mm</td><td>表面状态</td><td>光面</td></tr>
<tr><td>产品长度</td><td>500</td><td>净重</td><td colspan="3">644kg</td></tr>
<tr><td>公称抗拉强度</td><td colspan="5">1670MPa</td></tr>
</table></td><td rowspan="2">《起重机 钢丝绳 保养、维护、检验和报废》GB/T 5972—2016 第 6.4 条规定，如果钢丝绳发生整股断裂，则应立即报废</td></tr>
<tr><td>隐患：起升主钢丝绳局部断股。
危害：钢丝绳拉力降低，易发生钢丝绳断裂吊物坠落</td><td>正确做法：定期检查保养，如发现断股现象应立即报废更换</td></tr>
<tr><td></td><td>
<table>
<tr><td>产品名称</td><td colspan="3">钢丝绳</td><td>捻法</td><td>SZ</td></tr>
<tr><td>产品结构</td><td>6×37M-FC</td><td>规格</td><td>19.5mm</td><td>表面状态</td><td>光面</td></tr>
<tr><td>产品长度</td><td>500</td><td>净重</td><td colspan="3">644kg</td></tr>
<tr><td>公称抗拉强度</td><td colspan="5">1670MPa</td></tr>
</table></td><td rowspan="2">《起重机 钢丝绳 保养、维护、检验和报废》GB/T 5972—2016 第 5.3.1 条规定，外部磨损引起的钢丝绳直径减小的评价方法为测量。
《建筑施工安全检查标准》JGJ 59—2011 第 3.18.3 条规定，起重吊装保证项目的检查评定中钢丝绳磨损、断丝、变形、锈蚀应在规范允许范围内</td></tr>
<tr><td>隐患：钢丝绳外部磨损。
危害：钢丝绳拉力降低，可能导致钢丝绳断裂吊物坠落</td><td>正确做法：更换新的钢丝绳</td></tr>
</table>

续表

<table>
<tr><th>类别</th><th>典型安全隐患问题</th><th>正确做法</th><th>依据</th></tr>
<tr><td rowspan="6">吊索具</td><td> </td><td> <table><tr><td>产品名称</td><td colspan="3">钢丝绳</td><td>捻法</td><td>SZ</td></tr><tr><td>产品结构</td><td>6×37M-FC</td><td>规格</td><td>19.5mm</td><td>表面状态</td><td>光面</td></tr><tr><td>产品长度</td><td>500</td><td>净重</td><td colspan="3">644kg</td></tr><tr><td>公称抗拉强度</td><td colspan="5">1670MPa</td></tr></table></td><td rowspan="2">《起重机 钢丝绳保养、维护、检验和报废》GB/T 5972—2016 第 6.6.4 条规定，发生绳芯或绳股突出的钢丝绳应立即报废，或者将受影响的区段去掉，但应保证余下的钢丝绳能够满足使用要求</td></tr>
<tr><td>隐患：钢丝绳绳股突出或扭曲。
危害：钢丝绳拉力降低、断裂，导致吊物坠落</td><td>正确做法：更换新的钢丝绳或截绳</td></tr>
<tr><td> </td><td> <table><tr><td>产品名称</td><td colspan="3">钢丝绳</td><td>捻法</td><td>SZ</td></tr><tr><td>产品结构</td><td>6×37M-FC</td><td>规格</td><td>19.5mm</td><td>表面状态</td><td>光面</td></tr><tr><td>产品长度</td><td>500</td><td>净重</td><td colspan="3">644kg</td></tr><tr><td>公称抗拉强度</td><td colspan="5">1670MPa</td></tr></table></td><td rowspan="2">《起重机 钢丝绳保养、维护、检验和报废》GB/T 5972—2016 第 6.6.4 条注释，发生绳芯或绳股突出的钢丝绳应立即报废，这是篮形或灯笼畸形的一种特殊类型，其表征为绳芯或钢丝绳外层股之间中心部分突出，或者外层股或股芯的突出</td></tr>
<tr><td>隐患：阻旋转钢丝绳的内绳突出。
危害：钢丝绳拉力降低、断裂，导致吊物坠落</td><td>正确做法：更换新的钢丝绳或截绳</td></tr>
<tr><td> </td><td> <table><tr><td>产品名称</td><td colspan="3">钢丝绳</td><td>捻法</td><td>SZ</td></tr><tr><td>产品结构</td><td>6×37M-FC</td><td>规格</td><td>19.5mm</td><td>表面状态</td><td>光面</td></tr><tr><td>产品长度</td><td>500</td><td>净重</td><td colspan="3">644kg</td></tr><tr><td>公称抗拉强度</td><td colspan="5">1670MPa</td></tr></table></td><td rowspan="2">《起重机 钢丝绳 保养、维护、检验和报废》GB/T 5972—2016 第 6.6.3 条 规定，出现篮形或灯笼状畸形的钢丝绳应立即报废，或者将受影响的区段去掉，但应保证余下的钢丝绳能够满足使用要求</td></tr>
<tr><td>隐患：钢丝绳出现笼状畸形。
危害：钢丝绳拉力降低、使用寿命减少，易出现钢丝绳断裂</td><td>正确做法：更换新的钢丝绳或截绳</td></tr>
</table>

续表

<table>
<tr><th>类别</th><th>典型安全隐患问题</th><th>正确做法</th><th>依据</th></tr>
<tr><td rowspan="6">吊索具</td><td> </td><td> <table><tr><td>产品名称</td><td colspan="3">钢丝绳</td><td>捻法</td><td>SZ</td></tr><tr><td>产品结构</td><td>6×37M-FC</td><td>规格</td><td>19.5mm</td><td>表面状态</td><td>光面</td></tr><tr><td>产品长度</td><td>500</td><td>净重</td><td colspan="3">644kg</td></tr><tr><td>公称抗拉强度</td><td colspan="5">1670MPa</td></tr></table></td><td rowspan="2">《起重机 钢丝绳 保养、维护、检验和报废》GB/T 5972—2016 第 6.6.8 条规定，发生扭结的钢丝绳应立即报废。扭结是一段环状钢丝绳在不能绕其自身轴线旋转的状态下被拉紧而产生的一种畸形。扭结使钢丝绳捻距不均导致过度磨损，严重的扭曲会使钢丝绳强度大幅降低</td></tr>
<tr><td>隐患：钢丝绳出现扭结。
危害：钢丝绳拉力降低、使用寿命减少，易出现钢丝绳断裂</td><td>正确做法：更换新的钢丝绳或截绳</td></tr>
<tr><td> </td><td> <table><tr><td>产品名称</td><td colspan="3">钢丝绳</td><td>捻法</td><td>SZ</td></tr><tr><td>产品结构</td><td>6×37M-FC</td><td>规格</td><td>19.5mm</td><td>表面状态</td><td>光面</td></tr><tr><td>产品长度</td><td>500</td><td>净重</td><td colspan="3">644kg</td></tr><tr><td>公称抗拉强度</td><td colspan="5">1670MPa</td></tr></table></td><td rowspan="2">《起重机 钢丝绳 保养、维护、检验和报废》GB/T 5972—2016 第 6.6.5 条规定，钢丝突出通常成组出现在钢丝绳与滑轮槽接触面的背面，发生钢丝突出的钢丝绳应立即报废</td></tr>
<tr><td>隐患：钢丝绳钢丝突出。
危害：钢丝绳拉力降低，可能导致钢丝绳断裂吊物坠落</td><td>正确做法：更换新的钢丝绳或截绳</td></tr>
<tr><td> 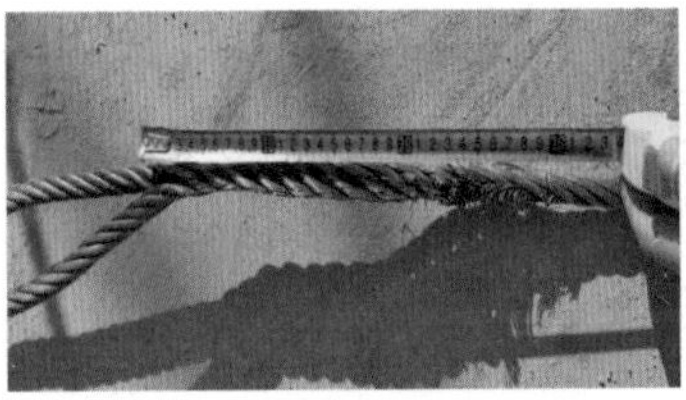</td><td> 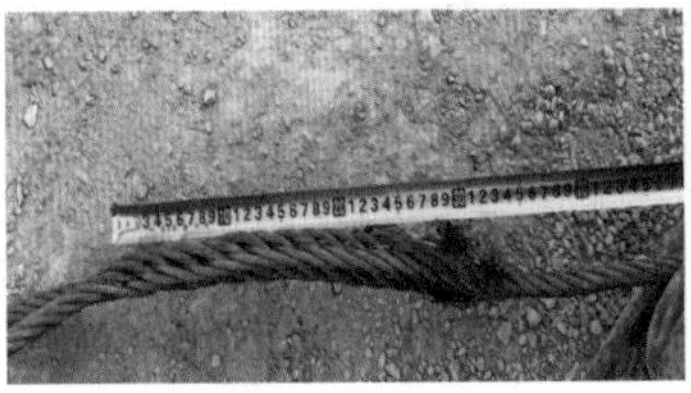</td><td rowspan="2">《塔式起重机安全规程》GB 5144—2006 第 5.2.3 条规定，钢丝绳端部的固接采用编结固接时，编结长度不应小于钢丝绳直径的 20 倍，且不小于 300mm，固接强度不应小于钢丝绳破断拉力的 75%</td></tr>
<tr><td>隐患：钢丝绳编结固接时，编结长度不够。
危害：钢丝绳破断拉力不足，易造成钢丝绳断裂</td><td>正确做法：更换钢丝绳，编结固接时，编结长度应大于钢丝绳直径的 20 倍，且不小于 300mm</td></tr>
</table>

续表

类别	典型安全隐患问题	正确做法	依据
			《钢丝绳夹》GB/T 5976—2006 附录 A 中规定，1. 钢丝绳夹应把夹座扣在钢丝绳的工作段上，U 形螺栓扣在钢丝绳的尾段上，钢丝绳夹不得在钢丝绳上交替布置。2. 必须符合钢丝绳所需绳夹的最少数量。3. 钢丝绳夹间的距离等于 6~7 倍钢丝绳直径。 《塔式起重机安全规程》GB 5144—2006 第 5.2.3 条规定，钢丝绳端部固结用钢丝绳夹固接时，应符合现行国家标准 GB/T 5976 中的规定，固接强度不应小于钢丝绳破断拉力的 85%
	隐患：绳夹固定数量缺少、方向错误。 **危害：**拉力不足，钢丝绳容易拉开，导致吊物坠落	**正确做法：**应根据钢丝绳规格，合理布置钢丝绳绳夹方向及数量，钢丝绳夹之间的距离应为 6 倍钢丝绳直径，固接强度不应小于钢丝绳破断拉力的 85%	
吊索具		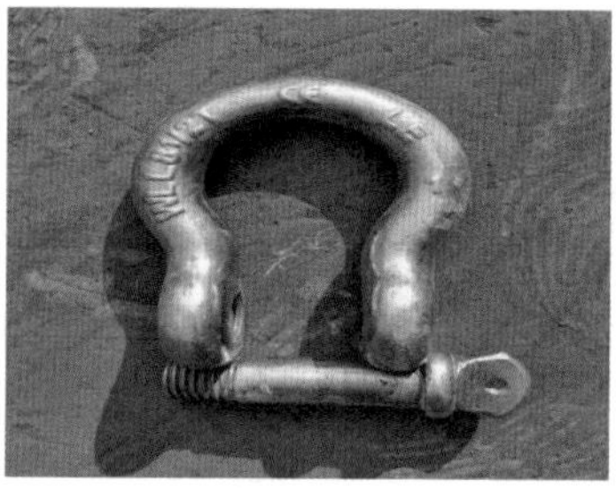	《起重机械吊具与索具安全规程》LD 48—93 第 5.4.2 条规定，销轴断面磨损达原尺寸 5%，应报废销轴
	隐患：吊装卸扣横销磨损达原尺寸的 5%。 **危害：**卸扣销轴固定不牢固，易发生横销断裂，导致吊物坠落	**正确做法：**更换新卸扣，加强信号工教育，做好班前检查	
			《一般起重用 D 形和弓形锻造卸扣》GB/T 25854—2010
	隐患：钢丝绳与卸扣横销发生摩擦，造成横销转动。 **危害：**在锁具提升时，钢丝绳与卸扣横销发生摩擦，造成横销转动，导致横销与扣体脱离，吊物坠落	**正确做法：**卸扣在与钢丝绳锁具配套作为捆绑锁具使用时，卸扣的横销部分应与钢丝绳锁具的锁眼进行连接	

续表

类别	典型安全隐患问题	正确做法	依据
吊索具	禁止作用力不在轴线上 **隐患：** 钢丝绳作用力偏载。 **危害：** 作用力偏载，卸扣容易断裂，吊物坠落	**正确做法：** 卸扣要正确地支撑着载荷，即作用力要沿着卸扣的中心线的轴线。避免弯曲和不稳定的载荷，更不可以过载	《一般起重用D形和弓形锻造卸扣》GB/T 25854—2010
	禁止偏心载荷 **隐患：** 荷载作用力偏心。 **危害：** 受力荷载偏心，卸扣容易变形断裂，导致吊物坠落	**正确做法：** 正确使用卸扣，避免卸扣的偏心载荷	《一般起重用D形和弓形锻造卸扣》GB/T 25854—2010
	隐患： 负载落地时造成钢丝绳挤压。 **危害：** 易造成钢丝绳挤压变形而达到报废	**正确做法：** 负载落地时，宜使用木质托架或类似材料支撑	《钢丝绳吊索　使用和维护》GB/T 39480—2020 第4.2.6条规定，负载着陆时，宜使用木质托架或类似材料支撑
	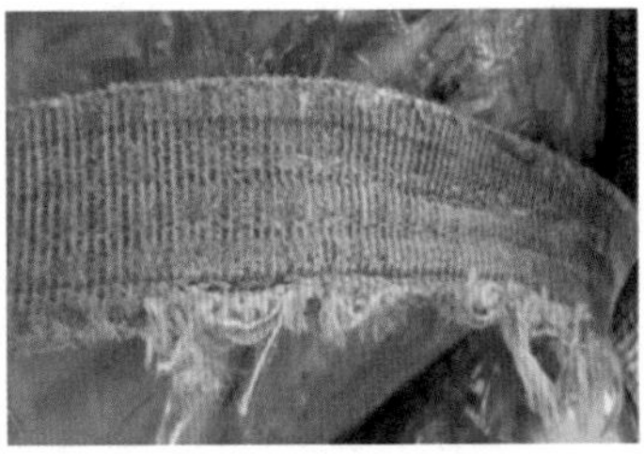 **隐患：** 起重吊带表面磨损严重。 **危害：** 吊绳强度下降，易发生断裂危险	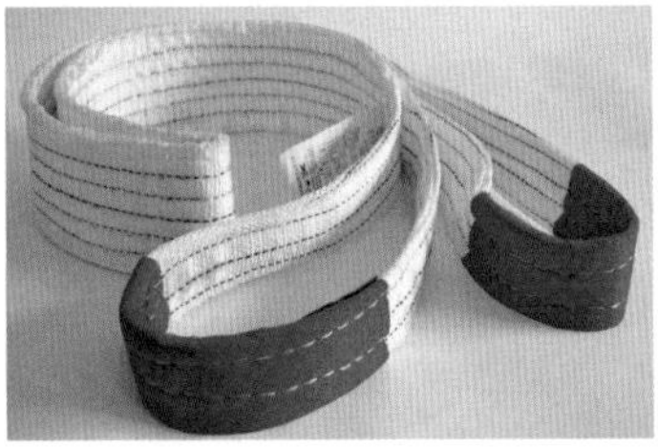 **正确做法：** 更换新吊带，在使用过程中注意保护	《编织吊索　安全性　第1部分：一般用途合成纤维扁平吊装带》JB/T 8521.1—2007第附录D第D2.3条规定，吊装带使用期间，应经常检查吊装带是否有缺陷或损伤，包括被污垢掩盖的损伤。这些被掩盖的损伤可能会影响吊装带的继续安全使用

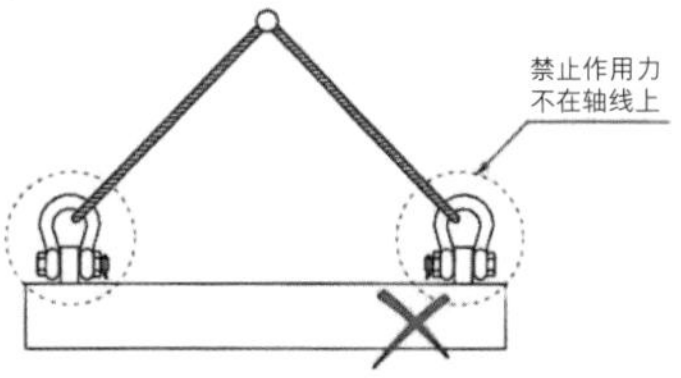

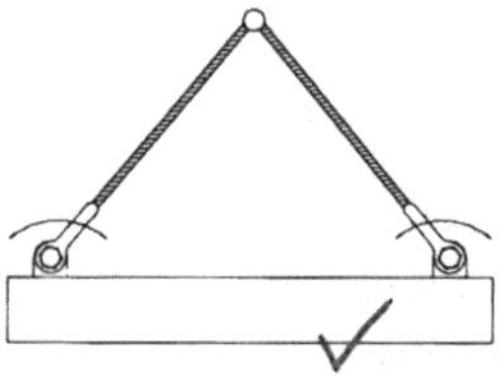

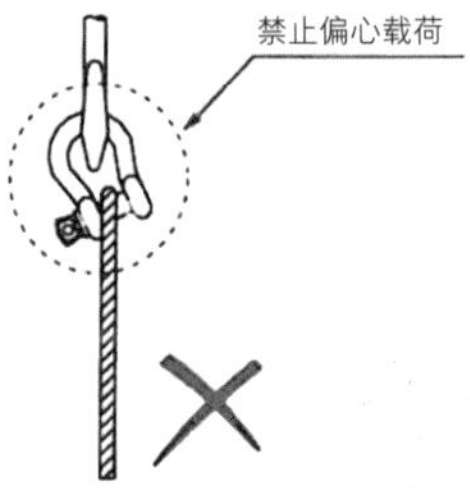

续表

类别	典型安全隐患问题	正确做法	依据
吊索具	**隐患：**锐边未加垫衬。 **危害：**锐边易造成吊带损坏，导致吊物坠落，危及现场人员安全	**正确做法：**锐边处加装保护衬套	《编织吊索 安全性 第一部分：一般用途合成纤维扁平吊装带》JB/T 8521.1—2007 附录 D 第 D3.7 条规定，应防止吊装带被物品或提升装置的锐边割破、摩擦及磨损。防护锐边和 / 或磨损损伤的保护及加固的零件应为吊装带的一部分，并应正确安排其位置，必要时对该零件进行额外的保护
	隐患：链环之间扭转、打结，相邻链环活动不灵活。 **危害：**造成链条破断拉力不一致，链条突然断裂	**正确做法：**链环之间禁止扭转、扭曲、打结，相邻链环活动应灵活	《M（4）、S（6）和 T（8）级焊接吊链》GB/T 20652—2006 第 6.3.1 条规定，下端环、连接环和中间环的数量及内部尺寸应保证各环间能灵活转动。 《非校准起重圆环链和吊链使用和维护》 GB/T 22166—2008 第 5 条规定，链条应平直，无扭转，打结或弯折
	隐患：起重链条之间角度过大。 **危害：**角度过大，载荷会将吊物损坏且坠落	**正确做法：**依据规范选择合适的吊装角度	《非校准起重圆环链和吊链 使用和维护》 GB/T 22166—2008 第 4.3.3 条规定，应避免链肢与铅垂线的夹角大于 60°（两链肢或四链肢之间的夹角大于 120°）的使用状态

续表

类别	典型安全隐患问题	正确做法	依据
吊索具			—
	隐患：船形料斗焊接未采用圆钢兜底，材料高于料斗边缘。 **危害：**在吊运过程中吊物容易坠落，危及现场人员安全	**正确做法：**船形料斗采用圆钢兜底焊接，材料吊装不应超出料斗边缘	
			—
	隐患：吊运材料高于料斗边缘。 **危害：**在吊运过程中吊物容易坠落，危及现场人员安全	**正确做法：**料斗吊耳采用圆钢兜底焊接，材料吊装不应超出料斗边缘	

十五、塔式起重机作业环境安全隐患防治图解

类别	典型安全隐患问题	正确做法	依据
作业环境	 **隐患：**塔式起重机布设密集，群塔交叉作业。 **危害：**容易发生碰撞，引发事故	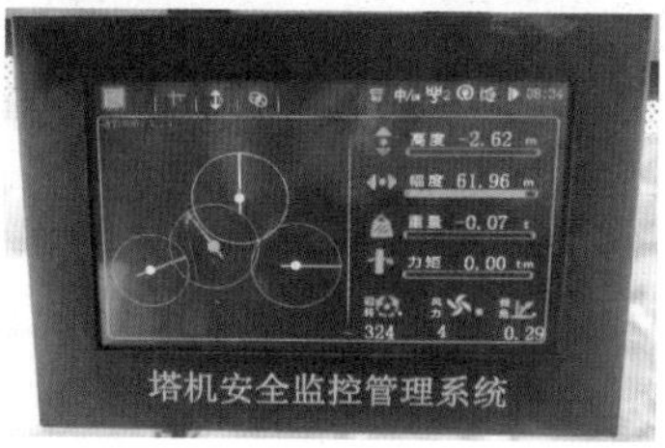 **正确做法：**加装群塔作业防碰撞系统	《建筑施工安全管理十条》（济建质安字〔2021〕33号）规定，塔式起重机应安装“指纹＋人脸”司机识别装置、黑匣子装置和视频监控装置，加装的新装置不能改变起重机械原有安全装置及电气控制系统的功能
	 **隐患：**群塔作业安全距离不足。 **危害：**作业时塔式起重机相撞，引发事故	 **正确做法：**两塔之间保持足够的安全距离	《建筑施工塔式起重机安装、使用、拆卸安全技术规程》JGJ 196—2010 第 2.0.14 条规定，任意两台塔式起重机之间的最小架设距离应符合下列规定：1. 低位塔式起重机的起重臂端部与另一台塔式起重机的塔身之间的距离不得小于2m；2. 高位塔式起重机的最低位置的部件（或吊钩升至最高点或平衡重的最低部位）与低位塔式起重机中处于最高位置部件之间的垂直距离不得小于2m
	 **隐患：**塔式起重机起重臂回转受限。 **危害：**起重臂与建筑物发生碰撞	 **正确做法：**塔式起重机起重臂在非工作状态下能自由旋转	《塔式起重机安全规程》GB 5144—2006 第 6.3.4 条规定，塔式起重机回转部分在非工作状态下应能自由旋转

续表

类别	典型安全隐患问题	正确做法	依据
作业环境	 **隐患**：塔式起重机回转半径与外电线路安全距离不足。 **危害**：容易发生触电危险	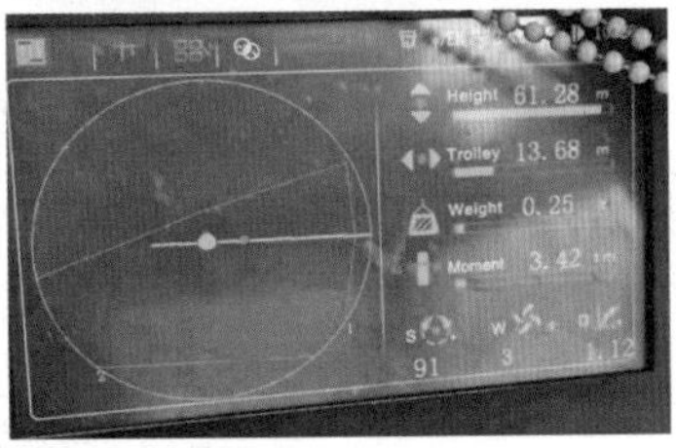 **正确做法**：加装空间限制器	《塔式起重机安全规程》GB 5144—2006 第 10.4 条规定，有架空输电线的场合，塔式起重机的任何部位与输电线的安全距离，应符合本规程表 3 的规定
	 **隐患**：塔式起重机回转半径与外电线路安全距离不足。 **危害**：容易发生触电危险	 **正确做法**：应对外电线路做安全防护处理	《塔式起重机安全规程》GB 5144—2006 第 10.4 条规定，有架空输电线的场合，塔式起重机的任何部位与输电线的安全距离，应符合本规程表 3 的规定。如因条件限制不能保证本规程表 3 的安全距离，应与有关部门协商，并采取安全防护措施后方可架设
	 **隐患**：监控摄像头失效。 **危害**：影响司机作业视线，造成误操作	 **正确做法**：修复监控	《建筑施工安全管理十条》（济建质安字〔2021〕33 号）规定，塔式起重机应安装"指纹 + 人脸"司机识别装置、黑匣子装置和视频监控装置，加装的新装置不能改变起重机械原有安全装置及电气控制系统的功能
	 暴雨 暴雪 大雾 大风 **隐患**：恶劣天气（暴雨，暴雪，大雾，大风）进行起重吊装作业	 **正确做法**：遇恶劣天气时，塔式起重机应停止工作，打开回转制动，使起重臂可以自由转动	《建筑施工塔式起重机安装、使用、拆卸安全技术规程》JGJ 196—2010 第 4.0.9 条规定，遇有风速在 12m/s 及以上的大风或大雨、大雪、大雾等恶劣天气时，应停止作业

续表

类别	典型安全隐患问题	正确做法	依据
作业环境	 **隐患：**塔式起重机回转半径内存在交叉作业。 **危害：**容易发生塔式起重机大臂碰撞汽车起重机起重臂	 **正确做法：**合理进行施工组织，暂停塔式起重机使用，采取相应安全措施后恢复施工	《塔式起重机》GB/T 5031—2019 第 10.2.1 条规定，塔式起重机安装位置的选择应满足安装架设（拆卸）空间和运输通道（含辅助起重机站位）要求

十六、塔式起重机安全防护隐患防治图解

类别	典型安全隐患问题	正确做法	依据
安全防护			—
	隐患：塔式起重机未设置防攀爬装置。 **危害：**无法限制非专业人员上下塔式起重机	**正确做法：**按要求安装牢固可靠的防攀爬装置	
			《塔式起重机安全规程》GB 5144—2006 第 4.4.5 条规定，离地面 2m 以上的平台及走道应设置防止操作人员跌落的手扶栏杆。手扶栏杆的高度不应低于 1m，并能承受 1000N 的水平移动集中载荷。在栏杆一半高度处应设置中间手扶横杆
	隐患：上下塔通道搭设不规范。 **危害：**结构强度无保障，上下塔时容易发生坠落事故	**正确做法：**采用经过设计计算的定型化通道	
			《建筑机械使用安全规程》JGJ 33—2012 第 4.4.12 条规定，塔式起重机各部位的栏杆、平台、扶杆、护圈等安全防护装置应配置齐全
	隐患：塔式起重机无防坠器。 **危害：**上下塔时出现操作不当会发生坠落事故	**正确做法：**悬挂合格的防坠器并正确使用	

续表

类别	典型安全隐患问题	正确做法	依据
安全防护	 隐患：起重臂无安全绳。 危害：检修人员若操作失误会导致坠落事故	 正确做法：正确安装并使用大臂安全绳	《建筑机械使用安全规程》JGJ 33—2012 第 4.4.12 条规定，塔式起重机各部位的栏杆、平台、扶杆、护圈等安全防护装置应配置齐全

十七、塔式起重机新技术应用图解

类别	新技术应用	功能
新技术应用	 **名称：**检到位巡查电子标签与智能拍照手机	“检到位”智慧巡检系统运用物联网及互联网大数据技术，通过芯片定义、布设及特制手持终端、软件操作系统及算法等，详细记录作业行为轨迹及具体作业内容，点对点实时指导一线人员的作业行为，评判作业质量，依据作业行为自动生成检查、维保、整改、检测等作业记录和作业报表，自动对一线作业行为进行评价考核
	名称：塔式起重机标准化排查系统	塔式起重机运行趋势分析报告、生成月度安全运行评估报告，可提前 30 天预警，智能化监管机械设备与系统比对，统计分析设备合格情况智能分析劳务人员来源分布等信息，为新工程开 / 复工提供数据层重要决策依据
	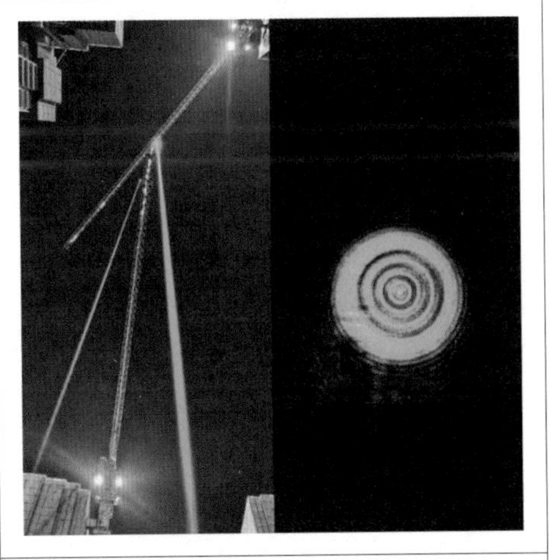 **名称：**塔式起重机激光引导定位	通过在塔式起重机变幅小车外侧安装激光引导定位装置，利用激光定位技术。使得上方吊装物移动的同时下方激光光标同步移动。便于信号工及下方作业工人给吊装物定位。 该装置使得塔式起重机下方作业人员更直观地观察到吊装的位置，在天气情况较差、光照不足、交叉作业处效果明显，减少了因塔式起重机司机和下方作业人员因交流不畅导致的误操作。使塔式起重机作业安全性得到最大的保障

续表

类别	新技术应用	功能
新技术应用	**名称：**塔式起重机智能监控系统	塔式起重机智能监控系统：塔式起重机起重臂头安装摄像头，动态跟踪吊钩位置，提供精确吊装画面让塔式起重机司机及时了解到吊钩周边情况，减少超高层吊装作业的难度，提高工作效率，司机盲区时可观察是否有禁吊物。 驾驶室摄像头，通过传输到驾驶室和项目部的视频数据，可以让管理人员实时了解驾驶室及司机情况，对司机是否违章作业起到监督和取证作用，如遇司机突发身体疾病无法呼救，也可以通过监控得知司机情况。 顶升监控摄像头，通过摄像头传输到驾驶室和项目部的视频数据，让塔式起重机司机和管理人员实时了解到顶升时的套架和安拆人员的情况，不仅可以对安拆人员是否违规操作进行监督，也是出现顶升事故时，调查事故原因的主要方法。 人脸识别系统通过认证的司机才可以操作塔式起重机，能有效避免工人私自启动设备作业造成事故
	名称：智能化平台系统	"智能化平台系统"同时具有远程传输系统、进入远程管理平台可查看所有塔式起重机的运行数据、运行状态、有没有防碰撞提醒、限位提醒等。为管理人员提供第三只眼睛、无需再到现场即可随时查看塔式起重机运行情况。存储数据的同时可为塔式起重机的安全状态分析提供科学依据

附录　塔式起重机安全装置工作原理及检查方法

类别	安全装置名称	工作原理	检查方法
安全保护装置	回转限位器	通过齿轮与大齿圈的啮合，计算塔式起重机转过的角度，控制左右转向均不超过一圈半（即540°），实现防止电缆线被扭断的作用。 特殊情况下，如塔式起重机回转范围内存在固定障碍物时，可对参数进行设置，充当电子限位	回转限位器齿轮是否与大齿圈啮合，控制线是否接入电路，使用联动台操作杆将大臂左右各转540°，检查塔式起重机是否自动停止，检查时应注意周围环境，防止碰撞
	起重量限制器	通过钢丝绳作用于滑轮上的力，对测力环产生的形变来检测吊物是否超过额定起重量，当达到额定起重量的90%时，发出警报信号，且使起升动作减速；当达到额定起重量的110%时，使塔式起重机的向上起升动作停止，从而起到防超载的作用	与结构连接是否稳固，连接销开口销是否齐全、滑轮是否完好，防跳槽装置是否完好、控制线是否接入电路、目前只能根据技术参数表，使用较专业的工具（如电子秤等）进行检测
	起重力矩限制器	通过吊物对塔帽产生的形变带动弹簧板的形变，当形变达到一定程度时，接触器与触点接触，从而控制塔式起重机电路通断。起重力矩限制器一般有三个触点，作用分别是：1. 达到额定力矩的90%时，发出报警信号，并使塔式起重机的向上起升和向前变幅动作减速。2. 达到额定力矩的110%时，使塔式起重机的向上起升动作停止。3. 达到额定力矩的110%时，使塔式起重机小车的向前变幅动作停止	弹簧板是否完好无变形。各接触器和触点是否固定牢靠，各控制线是否接入电路。在空载状态下，使用联动台操作杆使塔式起重机吊钩以最高速向上起升，使塔式起重机小车以最高速向前变幅，同时分别按压限制器各接触器，观察是否均能产生相应作用效果。此检查方法仅适用于日常粗略检查，建议定期组织租赁单位使用专业工具检测限制器的准确性
	起升高度限位器	限位器与主卷扬滚筒啮合，通过计算滚筒的圈数来测算吊钩的起升高度，当吊钩起升高度到达减速额定高度时，使吊钩动作减速，当到达停止额定高度时，使吊钩向上起升动作停止，从而起到防止吊钩冲顶的作用	起升高度限位器和滚筒是否啮合良好、控制线是否接入电路、在空载状态下，使用联动台操作手柄使吊钩高速起升，观察吊钩接近起重臂时是否有自动减速和停止动作
	变幅限位器	限位器与卷扬滚筒啮合，通过计算滚筒的滚动圈数来测算小车的幅度，当小车运行到最小和最大幅度时，使小车减速和停止，从而起到防止小车冒顶的作用	变幅限位器和滚筒是否啮合良好、控制线是否接入线路、在空载状态下，使用联动台操作手柄使小车高速移动，观察小车接近起重臂臂端和臂根时是否有自动减速和停止动作
	动臂式塔式起重机幅度限位开关	该限位装置由一半圆形活动转盘、刷托、座板、拨杆、限位开关等组成，拨杆随臂架俯仰而转动，电刷根据不同角度分别接通指示灯触点，将起重臂的不同仰角通过灯光亮熄信号传递到司机室的幅度指示盘上。当起重臂与水平夹角小于极限角度时，电刷接通蜂鸣器发出警告信号，说明此时并非正常工作幅度，不得进行吊装作业。当臂架仰角达到极限角度时，上限位开关动作，变幅电路被切断电源，从而起到保护作用	各接触器和触点是否固定牢靠，各控制线是否接入电路。塔式起重机空载时大臂抬升到最大仰角或下降到最小俯角时能否有效切断电源并发出报警信号。此检查方法仅适用于日常粗略检查，建议定期组织租赁单位使用专业工具检测限位器的准确性
	风速仪	在塔式起重机顶部不挡风处安装风速仪，当风速大于塔式起重机工作极限风速时发出报警信号	风速仪是否设置在塔式起重机不挡风处，风速仪电源连接线是否正常连接，是否能发出报警信号

续表

类别	安全装置名称	工作原理	检查方法
安全保护装置	障碍灯	塔式起重机安装障碍指示灯是为了标出塔式起重机的外形尺寸以引起空中飞行物的注意，避免发生碰撞，该指示灯不应受停机的影响	障碍指示灯是否完好、是否能正常发光，是否受塔式起重机电源影响
	顶升横梁防脱装置	在塔式起重机顶升时顶升横梁两端销轴搁置在标准节踏步凹槽内，防脱装置插入踏步上的孔洞，防止顶升横梁因放置不稳而脱出凹槽，利用销轴的定位功能，在顶升横梁或塔身抖动时，保证顶升横梁与标准节踏步可靠连接	检查顶升横梁防脱装置是否完好可靠，防脱销轴有无缺失现象
	钢丝绳防跳槽装置	通过支架将防跳槽装置固定在钢丝绳滑轮上方，防止钢丝绳因为跳动而脱出滑轮槽、损伤钢丝绳或滑轮。（变幅小车卷筒、滑轮、吊钩滑轮、起升卷筒均应设置防脱装置）	防跳槽装置与滑轮凸缘顶部之间的间隙不得超过钢丝绳直径的20%
	变幅小车防断绳保护装置	在塔式起重机变幅钢丝绳断裂时能阻止小车继续运行的保护装置。它由重锤、钩体、耳板、销轴、U形螺栓组成，其中重锤焊接在钩体尾部，钢丝绳从U形螺栓中穿过，限制钩体转动。当钢丝绳断裂时，钩体不再受到限制，在重力的作用下转动，钩体前端钩住臂架腹杆，阻止了小车继续运行，防止变幅小车冲出起重臂	变幅钢丝绳是否正确从U形螺栓穿过，钩体是否被人为捆绑
	变幅小车防断轴保护装置	在每个小车滚轮两侧都设置一个防护挡板，防护挡板和小车主体固定连接，防护挡板位于小车轨道的上方并且小车轨道的间距大于两侧相对的防护挡板的间距，当小车轮轴发生断裂时，小车主体会卡在小车轨道上，从而避免因轮轴断裂发生的坠落事故	防护挡板和小车主体连接是否牢固可靠，防护挡板有无变形、开裂